品質管理　大補帖!

- 工廠品質管理－六大措施
- 田口直交表應用
- ISO概念淺釋
- 產品可靠度
- 管理者養成
- 管制圖應用
- 時間管理

王祥全 [著]

目錄

序

序

各位讀者大家好！繼"工廠品質管理SOP實戰！"後,我真的……真的沒想到會又出了第二本書,本以為第一本書應該就足夠幫助品管新人進入狀況的,但是這一兩年來當我在經營我的FB"品質管理黑白講"時,有發現一些社員好像有遇到應用品質管理工具的問題或是不知該運用何種工具,也因此在我由感而發而憶起了當時我初入品保這個領域之時,為了能夠快速短時間內熟悉品管的工具應用,而上了很多課,如管制圖、Cpk、ISO、QCC、可靠度……等,不是那麼簡單也需花不少時間,效果也沒有那麼好。

以過來人的我,回想當時如果有那麼一本書包含品質管理重要的工具,內容不用太艱深只要夠用就好,這樣一來就可一魚通吃,品管新人也就不會學的太辛苦,也不用考慮要買甚麼書而猶豫煩惱,也不會因為買書花太多錢,不是嗎? 基於這個想法我想嘗試看看從沒有人做過的,將品管數種工具全部集中一本書中,經過2年的構思及計畫,包含了收集資料,研讀相關資料,將吸收的資料透過自己先將其過濾掉比較少用及艱深理論的部分,再將剩下會常用的精華部份轉化為較淺顯易懂的方式寫在書上,所以我在寫這本書的方式,就等於是我在公司時製作教育訓練資料一樣的方式,所以當你們在看這本書時就等於是在看教育訓練資料一樣在看應該會比較容易吸收。

這本書是以我主觀的預想將大部分的我認為品質管理可能會用到的工具以較淺顯的方式彙整到一本書中,其中因為案例無法舉例各行各業,所以主要是讓讀者了解工具的應用方式及技巧後,再活用到自己的工作領域上,如果工作上運用上遇有問題時,或是書中有不明白之處時,可透過我的FB"品質管理黑白講"社團中提出問題一起討論。

FB: https://www.facebook.com/groups/502482499929072

另有一點說明一下,之前的"工廠品質管理SOP實戰!" 是主要說明工廠品質系統的管理方式,並未對品質管理工具做詳細的說明,只是針對管理概念及手法,對於品質管理應用工具是完全沒有提到的,所以我想這本品質管理大補帖應該可以彌補上一本書所缺少的部分,如果品保新人手上能同時擁有這兩本書的話,對於品質管理的領域會更加如虎添翼了,不管目前你正從事品保或品管工作或是未來想從事品保或品管單位皆可適用,因為這本工具書我已經將從研發品保到生產品保可能會用到的工具全部彙整進去了,對新人來說已經準備夠多了,也有將品保新人的未來發展考慮進去。

另外聲明如果讀者有想要再更深入品質管理和統計方面的話,會建議再購買比較專業的有關書籍為佳。

一、ISO 概念淺釋

ISO 與品質管理關係淺論 - ISO 由來

　國際標準化組織(International Organization for Standardization)簡稱ISO，是一個全球性的非政府組織，是國際標準化領域中一個十分重要的組織。ISO成立於1946年，當時來自25個國家的代表在倫敦召開會議，決定成立一個新的國際組織，以促進國際間的合作和工業標準的統一。於是，ISO這一新組織於1947年2月23日正式成立，總部設在瑞士的日內瓦。ISO於1951年發佈了第一個標準——工業長度測量用標準參考溫度。ISO的任務是促進全球範圍內的標準化及其有關活動，以利於國際間產品與服務的交流，以及在知識、科學、技術和經濟活動中發展國際間的相互合作。

ISO 與品質管理關係淺論 - ISO 文件架構

ISO 文件架構共區分有四種如下,後續將介紹說明每種文件之定義。

一階
品質手冊

二階- 程序書

三階- 作業辦法/規範/
指導書

四階- 作業表單

ISO 與品質管理關係淺論 － 一階文件品質手冊簡介

　　品質手冊：用以說明公司品質管理系統架構及系統要項作業要點之文件，亦是適切有效執行及維持公司品質管理系統運作之基本指導綱要。

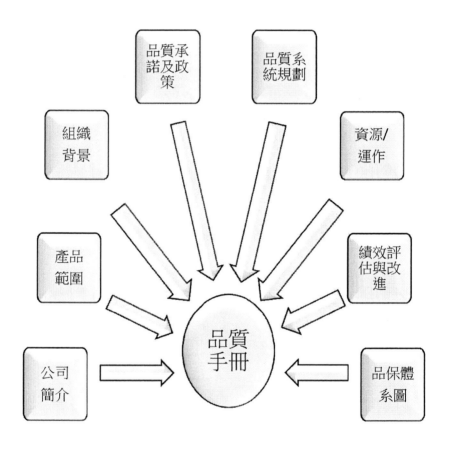

ISO 與品質管理關係淺論 – 二階文件程序書

程序書：將各部門間及各項作業間以目的、範圍，權責單位，作業內容的格式予以銜接，必要時透過流程圖方式順序加以說明表示，以維繫品質系統運作之文件。
(亦指說明做甚麼事之意)

例:產品生產管理程序會將相關不同單位串聯為一生產管理程序如下

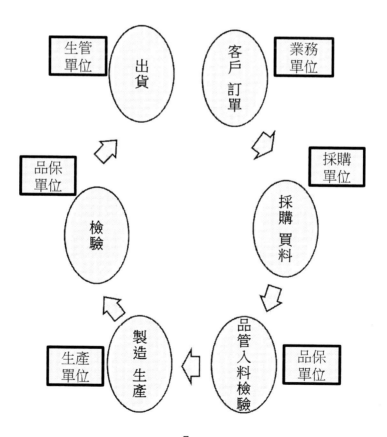

ISO 與品質管理關係淺論 — 三階文件 作業辦法/規範/指導書

　說明: 為有效實現產品,而將會影響產品品質的各項細部作業步驟或基準加以定義及詳細說明規定,以建立標準化作業之文件。

(意指說明做事的步驟)

　既然有了作業步驟及規定,就必須要求落實執行,才能維持品質水準。

　例: 舉例說明何謂作業指導書(SOP: Standard Operation Procedure),參考如下案例。

作業員可以依照SOP 中的步驟獨立完成工作任務。

IQC檢驗作業規範	煮飯指導書	電話調查作業指導書
1.記錄料號 2.依照料號調取 SIP 3.依照AQL抽取樣品 4.外觀檢驗 5.功能測試 6.記錄檢驗結果 7.判定 允收/批退	1.取米 2.洗米 3.將洗好的米倒入電鍋 4.依米量加入適量的水 5.蓋起電鍋蓋 6.電鍋插電 7.設定電鍋 8.按啟動鍵	1.先拿出電話名單 2.依名單順序撥打電話 3.電話接通後依附件內容說明給對方及詢問 4.待客戶答覆後,記錄 5.電話禮儀,掛上電話

ISO 與品質管理關係淺論 – 四階文件 作業表單

　說明: 表單為記載有關品質系統落實執行及維持系統運作之佐證及檢討資料，所使用之空白表單。

記錄表單也常常成為品質系統稽核時確認執行落實度的一種稽核方式。

以下只是從中大概舉例一些,以利讓各位了解。

　例: 領料單、點菜單 、檢驗報告、 設備保養表 、生產報告、汽車檢驗單、 體檢報告、 會議記錄……等。

ISO 與品質管理關係淺論----- 以下理由原因皆是

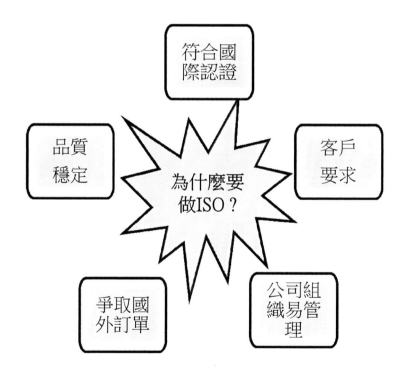

ISO 與品質管理關係淺論-------ISO與產品品質有甚麼關係?

案例說明: 如何維持小籠包好吃的水準？

1.首先來探究小籠包的製造生產環境條件。

2.確定影響小籠包品質的因素。(如下圖示)

3.決定對影響因素的品質控管方法。(Plan)

4.執行品質控管。(Do)

5.確認管控正確性。(Check)

6.持續改善。(Action)

ISO 與品質管理關係淺論-------ISO與產品品質有甚麼關係?
案例說明: 小籠包品質影響因素決定

　將影響的主要及次要因素列出,代表小籠包在製作過程中這些因素必須要被管理,否則將影響其品質,所以如換成是另外公司或是生產工廠,也是一樣有很多流程及作業必須被管理,這就是建立ISO 品質系統管理的目的。

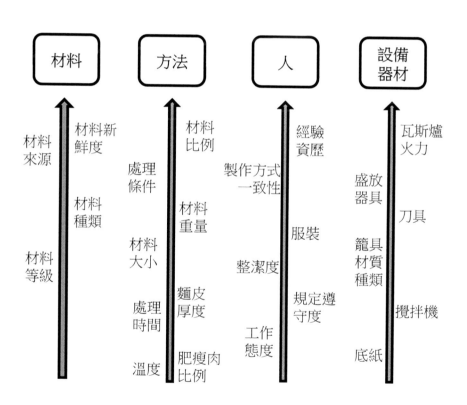

ISO 與品質管理關係淺論-------ISO與產品品質有甚麼關係?

案例說明: 生產小籠包系統管理方式決定

　　最佳的管理方式,就是將每個程序,每個作業步驟都文件標準化,說清楚寫明白,並不定期稽核說、寫、做一致是否落實,這就是ISO的基本精神。

　　例如材料來源來說必須制定採購程序,廠商評鑑程序,物料檢驗程序……等文件來管理,其他因素項目也必須以此類推。

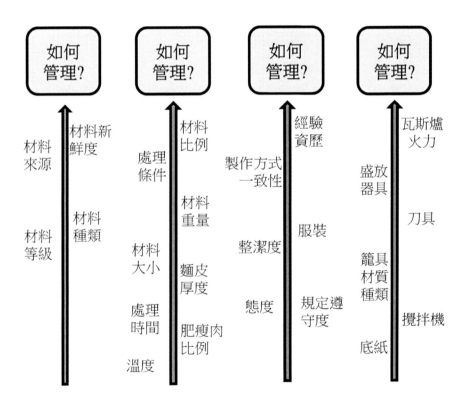

12

ISO 與品質管理關係淺論-------ISO與產品品質有甚麼關係?

案例說明: 生產小籠包系統管理方式決定

　既然要做管理就要以公司各程序及作業流程的最佳狀態及標準及參數來管理,才能生產出最佳的產品,所以必須要將這些最佳因素文件化和標準化才能讓實行上有所依據。將其換成生產工廠或是公司的運作管理也是一樣的道理。

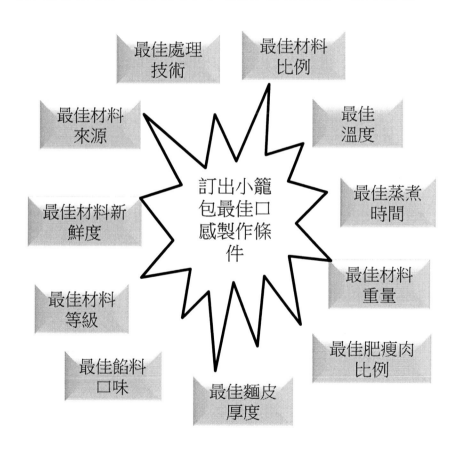

ISO 與品質管理關係淺論-------ISO與產品品質有甚麼關係?

案例說明: 如何做文件化和標準化

　將最佳條件標準化 = 書面化 = ISO 品質管理系統因此可得知品質管理與ISO系統關係非常密切, 欲維持公司品質水準首先落實ISO 品質管理系統。

　所以公司的品質ISO文件就等於是公司的武功秘笈,公司的每個成員必須依文件規定執行,如果不

　依規定的話,輕則造成作業錯誤,嚴重時可能造成其他單位或流程癱瘓或是公司重大損失。

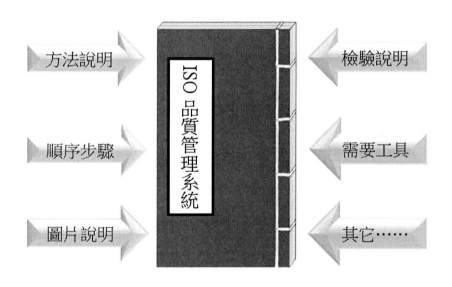

方法說明　　　ISO 品質管理系統　　　檢驗說明

順序步驟　　　　　　　　　　　　　需要工具

圖片說明　　　　　　　　　　　　　其它……

ISO 與品質管理關係淺論-------ISO與產品品質有甚麼關係?

標準化-----注意事項

注意!
作業標準化後就不會發生問題了嗎?

1. 標準化文件是否有寫完整？遺漏程序或步驟？**要事先規劃好**
2. 標準化文件有沒有敘述錯誤或寫錯字？ **要確認清楚**
3. 專業術語是否有註解？ **要考慮對象立場**
4. 針對不易理解部分有圖示說明嗎？ **要考慮對象理解力程度**

1. 需要有專業知識的人才看得懂嗎？ **要考慮對象專業能力**
2. 需要研讀長時間後才看得懂嗎？ **要考慮導入 效率**
3. 看的人能夠完全理解內容嗎? **要考慮對象理解力**

1. 需要注意甚麼事項或規定嗎？ **要考慮容易出錯問題及防呆**
2. 需要用甚麼輔具或工具才能完成任務嗎 ？ **要考慮人力效率**
3. 需要怎樣特別的條件下進行嗎？ **要考慮作業特殊要求**
4. 成果確認標準為何？ **要制定明確並輕易可確認的標準**

不同產業之ISO 品質系統

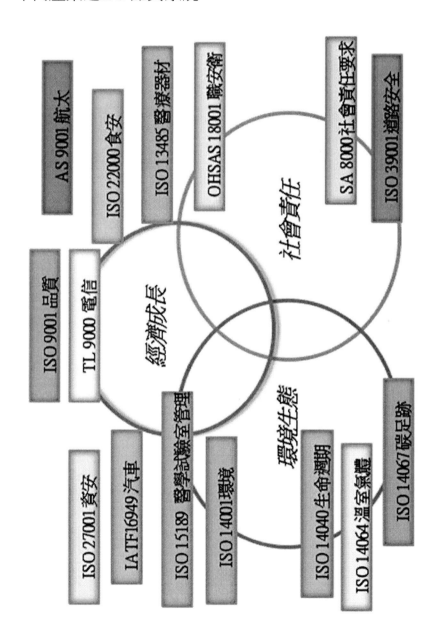

ISO 品質系統 PDCA 持續改善

　PDCA 持續改善品質系統,請各位執行工作任務時,也請同步確認是否符合現有公司ISO規定,如遇有不符合情形時,或是有任何改善建議時,請直接反映給直屬長官或是ISO管理負責人,以利貴司品質系統可以持續改善提升。

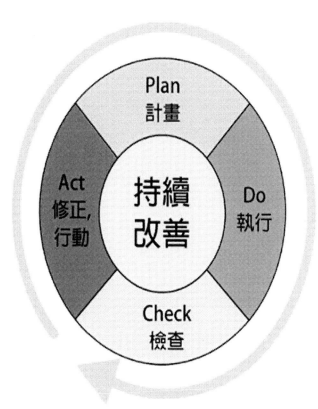

二、8D Report 製作說明

8D Report 由來

8D問題解決法一般認為是**福特公司**所創，但8D問題解決法是由**美國國防部**在1974年創立，描述8D問題解決法的標準稱為「MIL-STD 1520 Corrective Action and Disposition System for Nonconforming Material」(**不合格材料的纠正措施和處置系统**)。此標準已在1995年廢止，福特汽車也在汽車產業使用了類似的作法，後來也有許多電子公司開始使用。

最早8D問題解決法分為8個步驟，但後來又加入了一個計劃的步驟D0。8D問題解決法依照*PDCA*的循環，其作法如下：

D0：計劃：針對要解決的問題，確認是否要用到8D問題解決法，並決定先決條件。(**一般都被省略**)

D1：建立團隊：建立一個團隊，由有產品或製程專業知識的人員組成。(**設計/材料/作業/其他**)

D2：定義及描述問題：用可以明確的敘述何人（Who）、何物（What）、何地（Where）、何時（When）、為何（Why）、如何（How）及多少錢（How much）（5W2H）來識別及定義問題。最好是文字敘述再加上圖片,比較讓人容易了解。

D3：確認、實施並確認暫行對策：定義暫定對策矯正目前已知的問題，實施並確認此對策，避免客戶及使用者受到問題的影響。(**緊急處置方式**)

8D Report 由來

D4：確認、識別及確認*根本原因*及漏失點（流出原因）
找出所有可以會造成此問題的原因，並且找到為何在
問題發生後沒有注意到有問題。所有的問題原因都需要經
過確認或是驗證，不只是單純腦力激盪的結果可以用*五問
法*或是**魚骨圖**來根據問題或是其影響來標示其原因。尋找
真因＋魚骨圖分析。

D5：針對問題或不符合規格部份，選擇及確認永久對策,
經過試量產來確認永久對策已經解決客戶端的問題。

D6：實施永久對策：定義並實施的對策。(效果確認)

D7：採取預防措施：為了避免此問題或類似問題再度發生,
修改管理系統、作業系統、流程文件及落實執行。(標準化)

D8：感謝團隊成員：認可團隊整體的貢獻，需要由組織
正式的感謝此團隊。(如果要省略也可)

8D 表格說明 1

1. PART # : 不良產品/部品料號。

2. DESCRIPTION: 不良現象簡述。

3. TEAM LEADER : 這次8D 改善主導/負責者。 (一般是品管組長或主管)

4. CHAMPION : 指公司內部參與人員。

5. EXTERNAL MEMBERS: 指公司外部參與人員。(廠商….)

6. START DATE : 案件開始日期。(一般指收到客戶投訴日期開始)

QUALITY ASSURANCE DEPT.

八個紀律
作業程序

EIGHT-DISCIPLINE WORKSHEET

團隊成員

SUPPLIER:	CUSTOMER:	PART #	DESCRIPTION:	
DISCIPLINE 1	INTERNAL MEMBERS		EXTERNAL MEMBERS	
USE TEAM APPROACH	TEAM LEADER			
	CHAMPION			
START DATE				
DISCIPLINE 2	DESCRIBE THE PROBLEM			DATE:

1.問題敘述
2.最好方式以圖文並茂方式描述
3.以What/where/when/Who/Why/How描述清楚問題

8D 表格說明 2

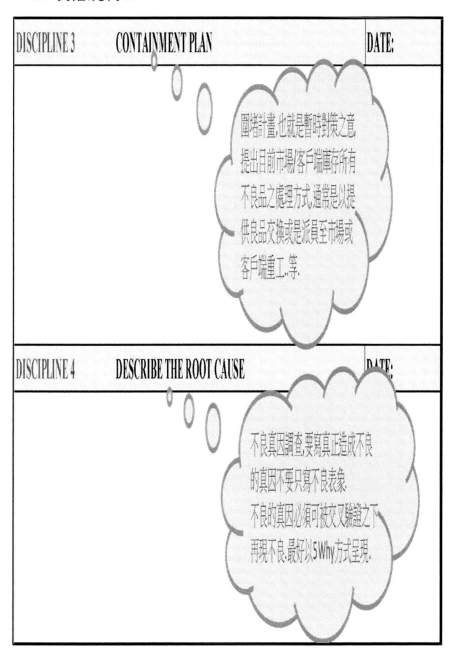

| DISCIPLINE 3 | CONTAINMENT PLAN | DATE: |

圍堵計畫 也就是暫時封堵之意 提出目前市場/客戶端庫存所有 不良品之處理方式 通常是以提 供良品交換或是派員至市場或 客戶端重工 等.

| DISCIPLINE 4 | DESCRIBE THE ROOT CAUSE | DATE: |

不良真因調查 要寫真正造成不良 的真因不要只寫不良表象. 不良的真因必須可被交叉驗證之下 再現不良. 最好以5Why方式呈現.

8D 表格說明 3

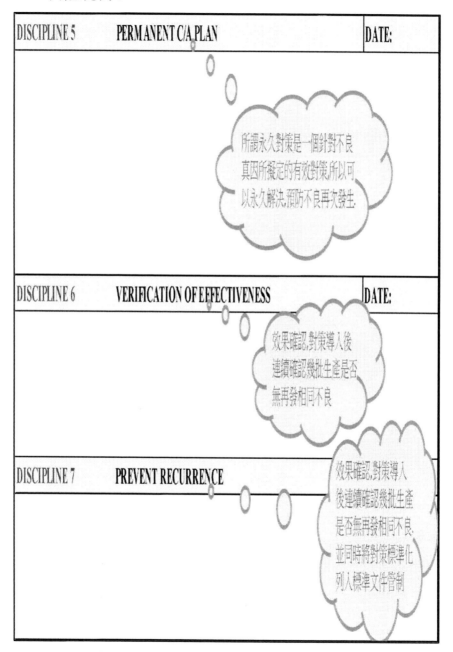

8D 表格說明 4

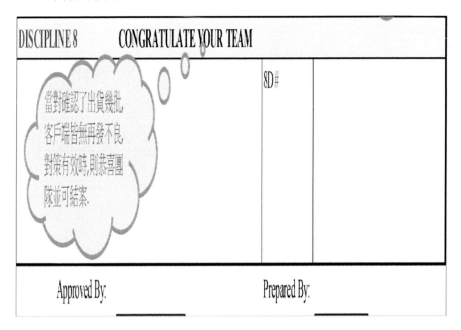

> 8D 報告的定義簡單的說明之後,接下來我將以實際之前處理過的廠商案例的正式8D 報告內容分段做說明,讀者可參考看看。
> 案例中的品質異常報告,分別為不佳與佳二種,以拆解報告內容分段方式說明其優缺點。
> 以案例代表性方式來說明,但業界的狀況有各式各樣的,希望各位讀者要能吸收後自己融會貫通。

案例 1----- 報告不佳

報告內容評論:

1.從表頭可看出來沒有依照8D 報告格式,感覺起來像是只有QC自己在做分析及對策,沒有其他相關部門人員協助,故客觀性及專業性有待質疑。

2.分析的原因寫鐵屑因運輸震動而移動至轉子表面,純粹為推測原因,沒有實際不良再現驗證, 說服力不足。

□報告書 □通知書 □稿簽(呈)			
TO:			NO:
CC: 謝鴻 莊XX 陳XX 戴X 李X 賴XX	日期:2007年5月22日	□普件 □急件	
	確認: 報XX		
RE: 2T354370 馬達不良分析報告	報告人:陸XX	□會簽 □FYI	
	記錄人:	答覆:□YES □NO 發文號: 字第 號	

一. 目的:有關 2T354370 馬達分析報告以消除不良在客戶處的發生

二. 分析:

　針對客戶所反映的不良我司經分析,為以下原因造成

　1.馬達異音:**馬達模組內圈有鐵屑**,造成馬達轉子與定子摩擦,造成雜音

　因馬達在我司測試時,鐵屑未到達轉子表面,因此馬達在我司測試表現為 OK

　馬達在運輸途中受到震動,鐵屑到達轉子表面,造成雜音

　2.馬達延長線端子脫落

案例 1----- 報告不佳

報告內容評論:

3.真正原因應該是要探討為什麼操作員會將塑殼拿反不是嗎？

4.手感檢測不是漏檢漏測的主因,應該是檢測的程序管理問題不是嗎？

5.為什麼線未理順就穿另一端連接器的主因並無分析出來？

6.磁環包裝方式不統一的真因並無分析出來？

　報告內容漏洞一堆。

2.馬達延長線端子脫落:

　供應商處:

　①個別員工在操作時違反操作程式,在插入時將塑殼拿反,故端子的倒勾無法與塑殼卡槽完好配合,出現脫落;

　②基於該套連接器的特殊性,因插入情況無法目測,只能憑手感和做1、2、3運動來控制其插入是否良好,故在操作過程中,出現漏做或漏檢的情況;

3.馬達導線交纏在一起無法分開:

　馬達導線一端連接器穿好後,然後進行整線,然後再穿另一端連接器,有的線未理順就穿另一端連接器,導致導線交纏在一起,無法分開。

4.馬達標籤脫落:標籤離軸承太近,導致標籤吸收軸承中油份而脫落。

標籤吸到軸承油

NEOGENE 2T354370
Ⓐ
10.9 Ω 2705220401

5.磁環包裝方式不統一:因供應商處包裝方式不統一,導致不良流至客戶處。

案例 1----- 報告不佳

報告內容評論:

7.檢查只是治標,應該找出產生鐵屑的原因進行消除鐵屑對策才對。

8.沒有明說左右搖擺測試的規格為何? 檢測頻率為何 ? 為什麼搖擺測試會有效 ?

9.如何知道作業員會有落實執行重複檢驗動作 ?

三.對策:

1.馬達異音:

1.1增加放大鏡全檢模組內瀑工位 (見下圖),以防止鐵刺等雜物 (5/22 實施)

2.延長線端子脫落:

2.1供應商處:(因供應商已更換,要求新供應商做以下動作)

2.1.1針對該款產品在嚴格要求測試時做左台搖擺測試:

2.1.2須強調做重複檢驗工作,

即第一遍目測插入順序是否正確,第二遍檢查壓著情況,是否有壓變形或

插入變形的現象;第三遍做拉撥動作,確保不脫落。

案例 1----- 不佳

報告內容評論:

10.針對2.1.3 對策完全是在說故事的敘述,沒有對策的有效性驗證及明確的作業標準,無法確保是否有效。

11.導線交纏對策改變作業順序,沒有說明之前的作業規定是如何制定？ 為甚麼生產那麼久了 現在才要改變作法？

2.1.3 確認塑殼方向,強調水準插入,避免反插。
2.1.4 由以前的導線與延長線分別測試導通,改為連接後一起測試。
2.1.5 全檢庫存導線2200PCS 未發現相同不良。
2.2 我司處。
2.2.1 全檢我司庫存馬達,用左右搖擺方式測試馬達間卡。共測120PCS,未發現不良。
2.2.2 我司庫存導線均退回供應上處進行全檢。
3. 導線交纏在一起
3.1 要求改變作業順序,由原來的先紮線再插連接器改為先插連接器再紮線。避免導線糾纏在一起。
(以上對策5月22日起實施)。

案例1----- 不佳

報告內容評論:

10.沒有明確說明證明標籤改小的對策會有效？不要將客戶當作對策的試驗對象,所有的對策都要盡可能的自己先驗證確認OK後才提出。

4.馬達標籤脫落

4.1 將馬達標籤尺寸改小,以避免離軸承太近,吸到油份後脫落。(見下圖)

(5/22 實施)

5.磁環包裝方式不統一:

5.1 已將庫存導線全部統一為最先封口方式,5/22 後出貨全部為最先封口方式

四. 追蹤

我司會密切追蹤類似不良的再發狀況,給貴司帶來不必要的麻煩請諒解。

以上

29

案例 2----- 不佳

報告內容評論:

1.有依照8D 報告格式,但是參與成員只有工程部門,如有QA&製造加入會更佳。

2.工程依據經驗值,其作法大有問題,真正的原因為何? 難道沒有建立作業標準嗎？

3.生產品質異常的判定為何是工程師判定,不是QA判定,沒有寫出真因。

Failure Analysis and Corrective Action Report(8D)

NO.：200808001

Supplier：XXX	Customer P/N：636UA2050F221	Product type：PCB
Customer：XXX	Vendor P/N：2-4794755A62E	Date Code：all
Supplier CAR P/N：200808001	Responsible Dept.：Engineer	Responsible shift：祁XX

(D2) Describe the Problem (問題敘述)	Date：2008/8/13

636UA2050F221 V2
0号鑽點.xls

客戶反饋636UA2050F221板子孔偏位現象，不良,請參照附件。

(D3) Analysis Findings (分析調查結果)	Date：2008/8/13

從客戶反饋及其庫存10pcs 板發現整體孔是朝向一個方向偏移，因此板是雙面板，且孔偏方向一致（參考外層）,故真正原因應該是外層對位偏，實際問題的發生在乾膜外層線路製作製程，此次樣品製作於乾膜製程後檢驗時發現工程依據經驗值製作的外層線路底片無法與實際生產的PCB 板材漲縮完全匹配，由於樣品製作的時效限制，在不會造成 PCB 功能及信賴度狀況下，樣品製作工程師決定繼續生產，以致所交付的樣品有孔偏現象。

30

案例 2----- 不佳

報告內容評論:

4.D5 還是沒有調查出為什麼"工程依據經驗值作業"的真正原因。

5.生產品質異常的判定為何是工程師判定,而不是QA判定,也是沒有調查出真因。

6.因為沒有調查出真因,所以導致D6 對策不夠完整及深入。

7.D6中暫定對策與永久對策沒有區分對策。

8.D8的行動確認沒有追溯到客戶端的品質驗收狀況。

(D4) Containment Action (問題抑制方案)	Date：2008/8/13
1. 生產線作業人員必須做好**首件**,確保外層無對位偏才可以正常生產。	
2. 生產過程中做好自主檢查,針對樣品進行全檢,如果發現對位偏必須重工。	
3.**IPQC 和 IQC 對產品進行檢查,確保無外層偏位。**	
(D5) Define Root Cause(s) (問題根源及變異原因)	Date：2008/8/13
1. 依據經驗值製作的外層線路底片無法與實際生產的 PCB 板材漲縮完全匹配。	
2. 顯影後有發現外層偏問題,因交期緊急樣品工程師認為不影響功能將不良板放到下一個制程。	
(D6) Permanent Corrective Action (永久的糾正/改善行動)	Date：2008/8/13
1. 樣品生產前先量測該 PCB 生產批所使用板材實際漲縮值,然後再跟據所量測得的漲縮值製作生產用線路底片。(責任人：李 XX)	
2. 樣品外層首件無對位偏才可以正常生產。(責任人：李 XX)	
(D7) Prevent Recurrence (預防再發生)	Date：2008/8/14
同 D6 (永久的糾正/改善行動)	
(D8) Verification Action (糾正行動的確認)	Date：2008/8/14
以上改善措施已效執行。責任人：黃 XX	
Approved By：江 XX	Reviewed By：彭 XX	Prepared By：祁 XX

案例 3----- 佳

報告內容評論:
1.客戶反映的不良現象以圖文並俱的方式,表現得非常清楚。
2.案件發生的日期,料號及品名及日期等也描述很清楚。

客訴矯正措施報告
Corrective Action Report

TO：XXXXX	FM：	CAR NO：CED20140501l
ATTN：	CC：司X風	接收日期 Issue date：2014.05.15
	料件描述 Part description	回覆日期 Replying date
料號 P/N	Connctor	2014.05.23
CF16201 V0T0		

Discipline 1	不良問題描述 Problem description
	客戶在製程中裝現CF16201 V0T0產品彈片回陷、內槽有異物、PIN插反 客訴不良品中有1PCS端子凹陷不良，1PCS內槽有異物和4PCS PIN插反現象。

端子工陷 4pcs

異物現象 1x

OC插反 1x

案例 3----- 佳

報告內容評論:

3.D2 有說明到不同單位共同參與此案。

4.D3 有針對客戶端及廠內的緊急處理方式做明確的敘述。

Discipline 2	不良處理團隊成員 Team member		實際實施日 Implemented Date
責任	<姚XX>	<周XX>	
品保	<王XX>		
IE	<陳XX>		
QE	<李XX>		20XX/5/20

Discipline 3	應急措施 Containment action plan
	1.清查 On hand 庫存，庫存999PCS產品皆進行重工，實配給給客末發現其PN違反不良。
	2.用OQD放大全線末發現重工階段的材料有異物不良。
	3.客戶庫存1740PCS於5/22號,已跟客戶端換貨，換回產品待退回產線重工。

33

案例 3----- 佳

報告內容評論:

5.D4 原因分析中有圖片 做為說明,讓客戶更容易了解。

6.解剖不良品還原不良現場,分析結果具有信服力。

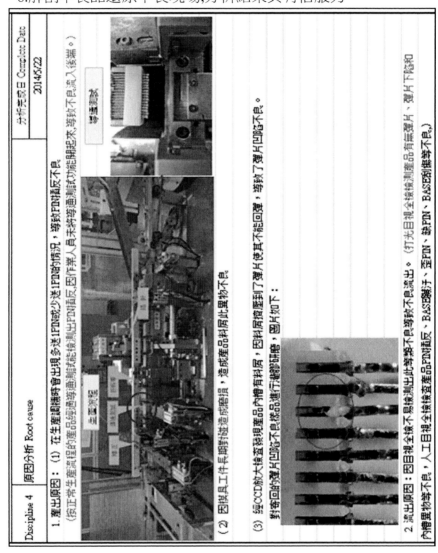

Discipline 4	原因分析 Root cause	分析完成日 Complete Date	2014/5/22

1.產出原因: (1) 在生產撕帶時會出現多送1PD或少送1PD的情況,導致PD填反不良。
(在正常生產過程的產品經過通測試能測出此能測試功能期把未入期不良流入後嫁。)

(2) 因撕帶員工作長期拖拖造成磨損,造成產品料屑此異物不良。

(3) 經CCD放大檢查後製品內槽有料屑、因料屑造成到了導片使其不能回產、導致了導片凹陷不良。對每回的導片凹陷不良依品依次品進行靜電體磨、圖片如下:

2.流出原因:圖目視全該不易檢測出此等客不良等致不良流出。(打光目視全檢測產品有無導片、導片下陷和內槽異物等不良、人工目視全檢查產品PD填反、BAS強手、歪PDN、缺PDN、BASE凹槽等不良,)

34

案例 3----- 佳

報告內容評論:

7.D5 長期對策共有4項,分別對機 & 法做了改善對策,非常明確。

8.圖文說明也讓人非常清楚。

9.有針對模具磨損為產生屑的真因,有做徹底的對策,制定模具壽命,並列入標準文件。

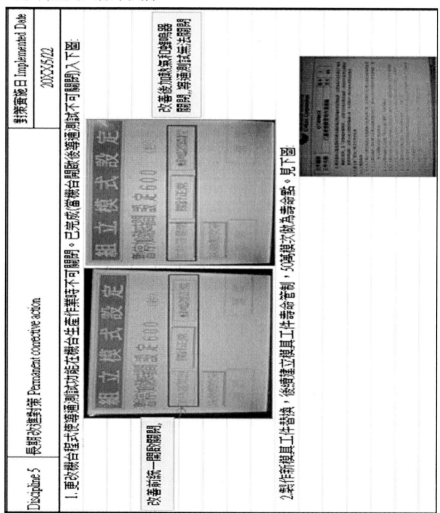

案例 3-----佳

報告內容評論:

10.有改善前後的比較圖示說明表示非常清楚,並且有附上改善SOP標準文件。

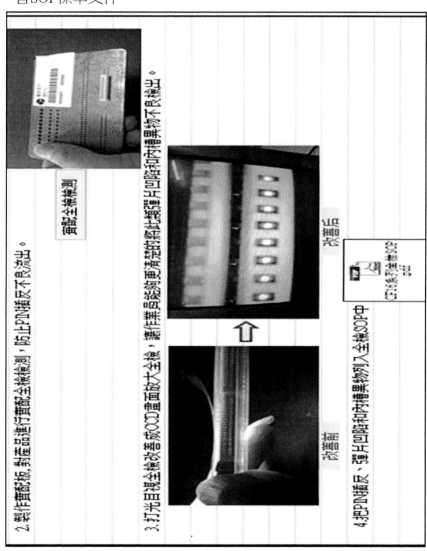

案例 3----- 佳

報告內容評論:

11.D6 有落實執行對策後的效果驗證,但是有一點不足的地方,如果能加入客戶端的對策有效性確認結果的話會更佳。

12.D7 有將預防對策標準化並附件,非常完整。

Discipline 6	長期對策有效性驗證 Verification of Permanent corrective effectiveness		驗證實施日 Implemented Date	20XX/5/20
	品保單位也邦比連跟蹤生不良視為有效。 1. 5/16產線生產CF1604 1VOTO產品5K，經實配全檢和OCD全檢檢測，未發現PIN插反、彈片回陷和內捲異物比率不良。 2. 5/17產線生產CF1612 1VOTO產品10K，經實配全檢和OCD全檢檢測，未發現PIN插反、彈片回陷和內捲異物比率不良。 3. 5/18產線生產CF1601 1VOTO產品3K，經實配全檢和OCD全檢檢測，未發現PIN插反、彈片回陷和內捲異物比率不良。			
Discipline 7	預防對策 Preventive action		對策實施日 Implemented Date	20XX/5/27
	1.把PIN插反、彈片回陷和內捲異物列入全檢SOP中			
	2. 把彈片回陷、內捲異物，PIN插反等不良列入SIP做重監管控			
Discipline 8	品保主管核準 Approved by	袁XX	報告填寫人 Report by	李X

三、5S 五現六定說明

5S活動的要領

整理（Seiri）的要領
- 按照所使用頻率劃分擺放場所。
- 能一眼看出要與不要的東西。
- 不能用的物件不要放在辦公室內。
- 盡量減少庫存。
- 定期進行Review。

清掃（Seiso）的要領
- 想辦法盡量不產生髒物。
- 骯髒的地方做到一看便。
- 工作前後記得隨手清掃。
- 經常檢查易有灰塵的地。
- 發現灰塵能夠立刻清掃。

修養（Shitsuke）的要領
- 各項管理規定要明確。
- 各項管理規定要適當宣導。
- 違反規定時要感到羞恥。
- 善用各種查檢表來檢核。
- 對於好的觀念要養成習慣。

整頓（Seiton）的要領
- 同類物品盡量集中區域放置。
- 標明放置的物品和指示。
- 熟悉什麼地方放置什麼。
- 如覺得不好時要隨時檢討。
- 用完立刻歸還原處。

清潔（Seiketsu）的要領
- 務須使任何地方感覺不到汙垢。
- 定期落實設備儀器保養清潔。
- 定期清潔廠房設施及愛護宣導。
- 要對髒亂的發生源採取措施。
- 持續不斷地維持清潔。

5S活動的效益

➤ **搬運最小化**

縮短物料的搬運途徑,減少搬運的人力。

➤ **生產效率化**

員工的熟練、流程的順暢、工藝的精準 、生產效率的提高,自然地激發員工的潛能。

➤ **空間利用化**

定期性的整理、整頓、物品擺放整齊,有效地利用空間和場地。

➤ **品質數據化**

員工信心的增加、作業流程的熟悉及對品質和成本意識的增強使數據明朗,品質提升,進一步達到顧客滿意。

➤ **物料同步化**

工具、模具、夾具經過整理擺放整齊、堆放明確,取用時間短,工廠機器 運轉正常,作業效率大幅提升。

➤ **操作標準化**

設備、儀器正確使用和保養,制度健全、並執行落實。每一件事,無論大小,按要求、按文件、按標準把他它做好。

➤ **作業流程化**

發揮潛力,加深改善力度,對工藝流程、機械設備等提案改善,並按標準要求進行流程改善再造。

➤ **員工習慣化**

管理有序,員工情緒愉悅,精神狀態好,守時守信,養成良好的習慣,為企業文化的良性發展奠定基礎。

5S活動的效益

> ## 管理方法化

利用更多、更有效的管理方法，從而實現企業向管理重要宗旨的效益。

> ## 現代美好化

定期性整理、整頓使工作場所保持潔淨，使人心情愉悅、頭腦清醒，有效地減少 安全事故。

> ## 問題改善化

員工素質的提升，良好習慣的養成，都來自秩序5S管理，工作認真仔細，按工藝流程操作，鼓勵提案改善，共同實現目標。

> ## 顏色管理化

按要求按標準，綠色為通行、黃色為警戒或分界、紅色為禁區或不良區，實現顏色統一，便於區分和提醒，不易造成錯發或混淆。

> ## 安全保障化

保證暢行的通道，整齊有序的物品擺放，機器的正常運轉以及落實到位的保養，員工愉快的工作心情，杜絕安全事故的發生，維護人、財、物的最高利益。

五現主義

- 五現主義又叫三現主義、五現手法、三現兩原則等，即現場、現物、現況、原理、原則。

- 因為五個詞在日本開頭讀都是"GEN"（類似中文發音的"現"）故統稱五現主義。

- [五現] 是整個久保田集團一個著名的理念，是久保田管理方面的最高理念。其含義是：現場、現物、現況、原理、原則。

- 現場是指，**現場出了問題**，總經理<u>坐在辦公室是解決不了的</u>，必須到現場去，如果不去現場，坐在辦公室，商量議論拿出的決議肯定是錯誤的。來到了現場，看到了"現物"，才能做出現實的決定，才能抓住"現況"。這裡講的不只是製造環節，對一般的場合都適用。

"原理"、"原則"是衡量的準則，所以要先去現場，看現物，按現況，按事物的原則和原理來判斷和衡量。為什麼一定要有準則呢？因為每個人都有每個人的判斷標準，我認為這個有問題，可是作業員可能認為這個沒問題，所以就產生了矛盾，如何解決，這就必須要有共同的"原則"和"原理"，在一個平 台上來判斷。

五現主義的意義

管理者要經常走進第一現場，觀察現物，瞭解現況，掌握原理，把握原則去處理事情。

➢ **現場**：事物發生的場所。

➢ **現物**：變化的或有問題的實物。

➢ **現況**：發生問題的環境/背景/要素。

➢ **原理**：問題發生根本原因及理由的探索,可從一些可疑因素的調查著手。

➢ **原則**：遵循品質管理的要求下,運用品質管理手法或專業知識及技術,處理解決問題。

五現主義的應用

➢ **站立式會議桌**：企業的生產現場有一個<u>開放式辦公室</u>，放著一張會議桌，但沒有椅子。如果現場發生了問題，相關人員圍著桌子站著，協調處理解決問題，當然，也是作為早會的一個應用場所或任務分配場所等。

➢ **即時品質會議**：例如QCC活動，有些企業規定QCC每天下午有個固定的時間（通常是下午下班前半小時）<u>每天召開當日品質與生產會議</u>。所有與生產活動有直接相關部門代表出席會議，坐在白板前，彙集一天中出現的各類問題（缺料、不良、故障等），確認原因、對策和責任單位，或者指定相關部門調查原因，並提出和實施對策措施。

五現主義的應用

➤ **生產線停線警報**：業界某些企業老闆的辦公室內有一塊連接各生產部門的電子**看板**，及時顯示各生產部門的實際狀態，當顯示屏出現黃燈（質量異常）或紅燈（缺料）時，也就是技術、設備、生產、採購、生管等人員在三分鐘之內到達生產現場集合，現場立即研討處置對策。

➤ **高層管理者現場巡視**：高層管理人員需每天拿著筆記本隨機巡視各主要部門的工作場所和一般人不太關注的場所，每天一到兩次，每一次的巡視都要求部門負責人陪同，發現現場問題，瞭解員工 工作狀態，並即時確定解決問題的期限等,且須有個內部會議定期Review發現問題結果。

五現主義的實施

五現手法就是親臨現場，察看現物，把握現況，找出問題的真正根源，從而根據原理原則地去解決問題的手段和方法。

五現主義的思考方法：

➤ 仔細觀察現場的現物、現況，發現問題，並以此作為改善的著眼點。

➤ 堅持悲觀主義，做最壞的打算。**(不良預防再發)**

➤ 預期考慮問題，不如優先地去解決問題。

➤ 追根溯源，打破沙鍋問到底。**(5 Why精神)**

五現主義的實施

步驟	目的／內容	手法
認識問題	在哪裡發生？	現場
	是什麼？怎樣？	現物
	什麼情形／環境？	現況
思考判定	問題調查	現場、現物、現況
	原因及對策方向	原理
	專業知識	原則
對策	具體方法、可行性	現場、現物、現況、原理、原則
實施	有效行動	現場、現物、現況
反省、評價效果	節省多少錢？效果如何？	現場、現物、現況

六定原則

➤ 定容

明確使用的容器之大小、材質物件用什存放，紙箱？化學試劑要用玻璃容器？ 平台？ 容器上要有標識，最好再使用顏色進行區分管理（目視管理）。

➤ 定量

規定合適的數量對於備用品、消耗品應明確最大最小庫存數，設置最小庫存是為了保障生產，設置最大庫存是為了防止庫存過多造成堆積資金。

➤ 定位

明確具體的放置位置倉庫貨架擺放位置,貨架每層擺放什麼,貨架每個類別擺放什麼。

六定原則

➤ 定品

標識所有物件名稱，方便全員快速查找車間的操作按鈕定品標識，工具房的工具定品標識；備件室的零件，螺絲等要定品標識。

➤ 定置

規定物件放置的方式物件是橫放、豎放、吊起、水平放，還是立起放？有些物件如果不確定擺放方式，時間長了對質量有影響，比如1.5米長的軸承，最好吊起放，如何橫著放，可能被其他物件壓著，軸承就有一些偏差，導致未來使用時發生不平整的現象。

➤ 定人

所有物件規定管理責任者做了前面五定之後，最最重要的就是要指定管理責任者，檢查沒做或不落實，而導致品質不良發生時,就必須質詢責任者不落實的原因為何 ？很多時候我們做5S管理過後，發現維持不了，很多時候是缺少標準，有標準後缺少檢查，有做了檢查後卻追溯不到責任者是誰？所以定人是最重要的。

紅牌示警標示

➤ 運用紅色醒目的標籤表示問題的所在，找出需改善的事、地、物（貼上紅牌辦公室、生產單位、甚至到個人桌面、檔案文件、檔案之管理都可納入），使大家都清楚知道問題點。

➤ 此方式最主要利用人的羞愧心理,進而快速進行問題改善,當然如果配合主管的定期現場巡視督導的話效果會更佳。

5S活動成功原則

◆ 必須全體同仁一起參與。 ◆ 所有工作環境全部納入。

◆ 持續不斷地地貫徹實施。 ◆ 訂定各項合宜之查檢表。

◆ 積極不懈執行各項查核。 ◆ 充分體認5S的真正精神。

		評分		
5S檢核表				
日期：				
區域：	負責人：		評分人：	
NO	查核項目	配分	得分	備註
1				
2				
3				
4				
5				

5S管理循環

5S活動之**Plan**
（計劃）

➤成立5S推行委員會。
➤建立5S運動時程表。
➤規劃平面配置圖。
➤規劃動線圖。(地面劃線）
➤規劃擺設圖。　（定位線）
➤規劃責任轄區分配圖。

5S活動之**Action**
（處置）

➤送交稽核結果審查處置。
➤改善成果發表。
➤與考核績效制度結合。
➤持續改善。

5S活動之**Do**
（執行）

➤誓師大會。(在執行之前召開說明會議)
➤大掃除、呆滯品處理（整理）
➤標線、定位、看板製作、上架、上櫃。(整頓）
➤粉刷、油漆。　（清掃）
➤修補、綠化、保養維護。（清潔）
➤教育訓練。　（修養）

5S活動之Check
（查核）

➤檢核表製訂。
➤執行定期交叉檢核。
➤定期舉辦稽核檢討會。
➤定期舉辦心得發表會。

實際工廠5S 活動推展計畫案例

範例：

<5S目視化>主題敘述

項目	5S目視化水準提升
目標	到2012年9月 5S目視化評分從29分→60分
提交物	2012年9月5S目視化評分>=60分
評價基準	根據評分基準對工廠進行評價（包含主辦部門和服務部門）
資源要求	TOP關注+各部門責任者協力
階段目標	2012年5月>=40分，6月>=45分，7月>=50分，8月>=60分，9月>=60分
目標展開	整理整頓：對詳細進行手法教育，清理並處理現場不要物品（-5分）5月31日為止
	清掃+目視化：所有員工對自己的責任區域進行定期的清掃（-5分）5月31日為止
	3T：對所有物料實施名稱（作業台、機器以及陳架等）必須符合"3直"原則（直線、直角、垂直）（-10分）6月31日為止
	直視化+目視化：所有員工都必須遵守規則，衣服穿著，辦公室全部實施5S管理（-5分）8月31日為止
	素養改善：所有改善成果要保持下來，並評定最終效果與環境（+5分）8月31日為止
責任者	XXX

5S及目視化 推行計劃及展開步驟（Plan）

階段	流程以及步驟	活動要點	要求資源	擔當	期間	4月 Wk16 Wk17
P 推行策劃	1)對主管以上幹部進行培訓（專案啟動說明會）	讓中高層幹部說明白5S實施之背景、意義以及實施辦法，有機會可以組織去優秀公司進行觀摩	各部門責任者	張小明	2H	
實行準備	2)成立5S推進組織	各部門選定5S擔當人員、明確其職責，並作為部門5S推行者以及對應視窗	各部門責任者	張小明	1周	
	3)編制具體的實施計劃	由推行主導者制定詳細的實施計劃	各部門責任者	張小明	4月底	
	4)制定5S連相關措施（制度以規範）	擬訂：實施計劃，5S責任區域以及責任者都明確。5S推進辦法、評審要求、獎懲規則	主管組長	張小明	4月底	

進步狀況

5月				6月				7月				8月				9月					
Wk18	Wk19	Wk20	Wk21	Wk22	Wk23	Wk24	Wk25	Wk26	Wk27	Wk28	Wk29	Wk30	Wk31	Wk32	Wk33	Wk34	Wk35	Wk36	Wk37		

5S及目視化 推行計劃及展開步驟（Do）

階段	流程以及步驟	活動要點	要求資源	擔當	期間	4月 Wk16 Wk17
D 實施	5) 培訓	分層教育，理論知識+實際操作培訓，讓全員明白從哪些地方去做好5S	5S推進組織	張小明	5月 第1周	
	6) 拍攝5S現狀	選擇現場典型的不符合5S要求的對象，用相機拍攝下來此改善的效果對比用	5S推進組織	張小明	5月 第2周	
	7) 實施	由部門推行人員知行一致，舉以致用 部門推行者做好部門的執行規劃 紅牌警示標示，區分有用沒用，併合並處理 安全檢查，洞察安全隱患，確保安全 看板行動，標識清楚，一目了然，便於拿取 定點拍攝，便於比較改善效果 有標識責任人，物有所管 強化自主管理意識，不停改善	各部門	張小明	3個月	

進步狀況

5月 Wk18 Wk19 Wk20	6月 Wk21 Wk22 Wk23 Wk24 Wk25	7月 Wk26 Wk27 Wk28 Wk29 Wk30	8月 Wk31 Wk32 Wk33 Wk34	9月 Wk35 Wk36 Wk37
整理整頓+清掃	3T+目視化	直線化+目視化	來賣改善+標準化	

51

5S及目視化 推行計劃及展開步驟（Check）

階段	流程及步驟	活動要點	要求資源	督導	期間	4月 WK16 WK17
C 檢查	8) 5S評審	實施後針對實施狀況進行全面評審(自主改善申請、定期巡視) 不合格或不合理事項必須採取改正措施由主導者總體確認，責任單位有錯就改，不找任何藉口進行主導者做好確認，月評，季度評審，年度評審，結果公開	5S推進組織	張小明	實施同步	

進步狀況					
5月 WK18 WK19 WK20 WK21	6月 WK22 WK23 WK24 WK25	7月 WK26 WK27 WK28 WK29	8月 WK30 WK31 WK32 WK33	9月 WK34 WK35 WK36 WK37	

評價制度建立以及運行

5S及目視化 推行計劃及展開步驟（Action）

階段	流程及步驟	活動要點	要求資源	擔當	期間	4月 Wk16	Wk17
A 檢討覆盤改進	9) 檢討改進	檢討活動執行效果，表彰先進，樹立典範激勵全員績效向上，提升士氣	5S推進組織	張小明	1日		
	10) 制度化規範化	建立、健全、完善5S制度和規範，張貼於現場使活動有章可循　維持5S成果，培養全員的工作精神，問題意識改善意識，自主管理意識，養成自動自發的習慣　再度實施PDCA循環	5S推進組織	張小明	持續		

進步狀況

5月		Wk18	Wk19	Wk20	Wk21	6月 Wk22	Wk23	Wk24	Wk25	7月 Wk26	Wk27	Wk28	Wk29	8月 Wk30	Wk31	Wk32	Wk33	9月 Wk34	Wk35	Wk36	Wk37

全員參與實施計畫制訂

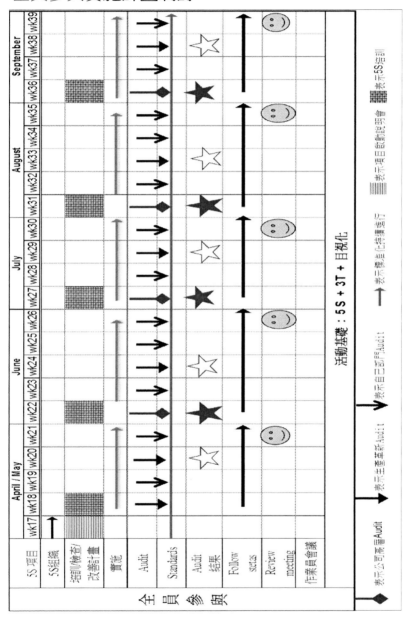

54

「５Ｓ」「目視化」檢查表制訂

診斷對象：

	診斷日期　年　月　日 0點	1點	2點	3點	4點	診斷人員	備註
【整理】							
1 有沒有不要的材料、部品 現場確認倉庫、材料部品置場來評價							
2 移動路線的確保 通過察通道（包括避難通道）上有沒有障害物來評價							
3 出入口附近的整理 出入口附近有無障礙物來評價							
4 有沒有不要的設備、機械、治具、工具、模具 觀察有沒有不用的東西和觀察管理狀態來評價							
5 有沒有要、不要的基準 有沒有關察的基準，大家都知道嗎							
【整頓】 診斷日期　年　月　日 0點	1點	2點	3點	4點	診斷人員	備註	
6 場所標示做好了嗎 有固定場所放置標示、位置標示的看版嗎							
7 專案標示做好了嗎 有沒有科理的項目標示的物品的項目標示							
8 量的標示做好了嗎 有沒有最大在重量、設定量的標示							
9 有沒有通道、車間等的區劃 有沒有以白線等劃定地的開來							
10 有沒有急拿取、放回是否有考慮道具車的合理的放置方法							

「５Ｓ」「目視化」檢查表制訂

	0點	1點	2點	3點	4點	備註
【清掃・清潔】						
11.機板・機台・裝置・工具 是否乾淨 有沒有用心地清掃						
12.機械・裝置電動線 裝置電動線絕緣了嗎						
13.清掃工作分類標準了嗎 清掃工作分類標準有項目・期間・擔當・確定並養成習慣 機器油量有目視・操作並養成習慣電眼了嗎						
14.有遵守5S的規定 有沒有和其他現場不和諧行嗎						
【紀律】						
15.有沒有遵守規則嗎 服裝有定著要求嗎						
16.會打招呼嗎 面貌洗過時有打招呼嗎						
17.作業標準有沒有當成自己作業基準在遵守嗎 有沒有邊走邊隨便的走路嗎						
18.規則 有沒有按照被決定的規定和現場下面的人和約的規定、大家都遵守了嗎						

「5S」「目視化」檢查表制訂

【目視化】

	0點	1點	2點	3點	4點	備註
19 有沒有生產進度板 生產的進度能看得見嗎						
20 有報告異常的制度嗎 有沒有設置異常報告的指示燈、蜂鈴等						
21 揭示物有沒有被維謢並且只把必要的部分揭示出來 對其揭示方法下了功夫、並且清清楚楚						
22 管理事案被揭示出來了嗎（尤其是生產週期，在車） LT、在庫、生產性、品質情況等的推移有沒有被揭示出來並及時更新						
23 有揭示問題對策的進展嗎 問題點及其對策、改善的狀況有沒有在現場揭示出來						
24 能達到邊看揭示物邊進行討論嗎 「目視化」的資料揭示有沒有拘泥於形式化						
25 有沒有成發現不良（不好的東西）馬上進行報告的習慣呢 有4M異動、不良的對策準認的記錄嗎						
綜合評價						

「５Ｓ」「目視化」檢查表　評價基準制訂

【整理】

1	**有沒有不要的材料・部品**	觀察倉庫、材料部品置場進行評價
2	移動路線的確保	通過觀察通道（包括避難通道）上有沒有障害物進行評價
3	出入口附近的整理	以出入口附近有無障害物進行評價
4	**有沒有不要的設備・機械・治具・工具・模具**	觀察有無不用的東西及管理狀態進行評價
5	**有沒有要・不要的基準**	有沒有廢棄的基準、大家都知道嗎

0點	1點	2點
通道上堆積著物品、不能通過的狀態	通道上雖然有物品堆積但還能通過	在通道上沒有放置物品
①通道上有障礙物 ②電線類裸露在通道上	符合前項內容中的任一項	超越①和②的狀態
出入口附近放置物品、成為防火門開閉、出入口門開閉的障害	雖然沒有妨礙防火門、出入口門的開閉、但出入口附近有物品放置	出入口附近沒有放置物品
必要和不要的東西沒有區分開放置	雖然不要的物品上有標示但很難懂	必要和不要的物品區分開來了、並做了標示
沒有廢棄的基準	雖然有規定但沒有遵守	有規定、所有的職員都遵守

3點	4點
在通道上沒有放物品、並且從料架上沒有物品外露	從使用頻率高的物品按順序擺、並且考慮到如何簡單地搜索
能確保員工面對面地走過有足夠的空間	在所有的移動路線上都能確保員工能有面對面走過的空間
有規定出入口附近不能放置物品	經常都可以使規定得到徹底地遵守
不使用的物品要廢棄等關於浪費有明確規定	經常實施左邊記載的規定、第4項的評價也很高
除了全部職工遵守外還想出了更好的辦法	除了左邊所寫的內容還想辦法讓所有員工都徹底地遵守

「５Ｓ」「目視化」檢查表　評價基準制訂

【整頓】		
6	場所標示做好了嗎	有固定場所放置標示、位置標示的看板嗎
7	專案標示做好了嗎	有沒有料架的項目標示和物品的項目標示
8	量的標示做好了嗎	**有沒有最大在庫量‧發注點的標示**
9	**有沒有通道‧車間等的區劃線**	有沒有以白線等清楚地劃分開來
10	**有沒有考慮拿取‧放回是否方便**	有沒有考慮道具等的合理的放置方法

0點	1點	2點
完全沒有標示	雖然有標示、但表達不明確、或者比較難懂	有標示、並且表達明瞭
在料架‧物品上完全沒有標示	**有標示的料架‧物品在一個以上**	**所有的料架‧物品有標示**
完全沒有標示	有數量標示、但看不懂	有數量標示、及時更新
完全沒有區劃線	雖然有區劃線、但經過磨損模糊看不清、或者和實際狀況有出入	有區劃線、並能遵守
櫃子和料架上的工具等散亂	不怎麼散亂	排列整齊

3點	4點
在佈局和現場內的標示上想了各種辦法使其簡單易懂	除了左邊的內容、在出入口附近還設置指示牌
料架上的東西明確地標示出來清楚明瞭	想辦法做了方便檢索的標示、容易看的標示等
發注點明瞭並想了各種辦法	**最大最小量‧發注點清楚、先入先出也徹底做好**
區劃線清楚明瞭並想出了各種辦法	除了左邊內容、出入口附近設置指示牌
排列整齊、也沒有放置使用頻率低的東西	考慮到工具類的位置標示等、使用後要歸位等

「５Ｓ」「目視化」檢查表　評價基準制訂

	【清掃・清潔】	
11	地板・機械・裝置・工具是否乾淨	有沒有用心地清掃
12	機械・裝置類點檢了嗎	點檢表有沒有放於固定位置並被維護好
13	清掃工作分擔開來了嗎 養成習慣了嗎	有值日制・擔當制 並養成習慣了嗎
14	有遵守３Ｓ的規定	有揭示和實行嗎

0點	1點	2點
垃圾散亂	雖然還沒到散亂的程度、但有垃圾掉落	看起來沒有垃圾
無點檢表	雖然有點檢表但沒有維護	點檢表放在規定的位置、並及時維護
沒有清掃	雖然實施清掃、但沒有分擔表而且履歷不明	揭示了清掃的分擔表、有定期地實施並有記錄
沒有規定	有規定也揭示出來、但沒有遵守	有規定、有揭示・及時維護並全員遵守

3點	4點
機械・裝置的下麵、作業台的下麵等地方也沒有垃圾	作業台、桌子、櫃子等上面也清掃了、沒有灰塵
在每天進行清掃中進行了點檢業務等、想出了合理的辦法	左記的內容全員都徹底執行
有完整的清掃手冊、並揭示出重點	除了左邊的內容、還考慮到要徹底進行清掃
除了全員遵守以外還想出了其他更好的辦法	除了前項所說的方法外，還想辦法讓所有人員徹底遵守規定

「５Ｓ」「目視化」檢查表　評價基準制訂

	【教養】	
15	有按著裝要求嗎	服裝是否凌亂
16	會打招呼嗎	面對面走過時有打招呼嗎
17	作業標準有沒有揭示出來	作業員有遵守好嗎、有適當地進行改訂嗎
18	有沒有遵守現場規定和規則	連最下面的人都知道嗎、大家都遵守了嗎

0點	1點	2點
有員工沒有穿規定的服裝	雖然穿了規定的工服但不整齊	全員符合著裝要求
不會打招呼	這邊打招呼的話對方才會回應	面對面能打招呼
作業標準沒有揭示出來	①有過期的物品、或者是②破爛的放置	沒有①和②的情況
沒有遵守的員工在半數以上	有一個以上的員工沒有遵守	**現場規定‧規則全員遵守。**

3點	4點
全員都符合著裝要求並很整齊為徹底做好想了各種辦法	**除了左邊內容、還考慮對環境‧品質產生的影響**
帶有"帶頭做"的意識毫不含糊地打招呼	所有職工都有"帶頭做"的意識毫不含糊地打招呼
想了各種辦法使其容易看、容易懂	除了左邊內容、還有定期檢查的規定、並執行著
除了前項內容還想出了更好的辦法	除了左邊內容、還想辦法對所有職工都徹底執行

「５Ｓ」「目視化」檢查表　評價基準制訂

	【目視化】	
19	有沒有生產進度板	生產的進度能看得見嗎
20	有報告異常的制度嗎	**有沒有設置報告異常的指示燈・警鈴等**
21	揭示物有沒有被維護並只把必要的部分揭示出來	對其揭示方法下了功夫，並且清清楚楚
22	管理專案被揭示出來了嗎（尤其是生產週期、在庫）	**LT・在庫・生產性・品質情況等的推移有沒有被揭示出來並及時更新**
23	有揭示問題對策的進展嗎	問題點及其對策、改善的狀況有沒有在現場揭示出來
24	能邊觀察揭示物邊進行討論嗎	「目視化」的資料揭示有沒有變成形式上的東西
25	有沒有形成發現不良（不好的東西）馬上報告的習慣呢	**有4M變動・不良的對策確認的記錄嗎**

0點	1點
沒有生產進度板	有生產進度板但顯示的和實際不同
沒什麼報告異常的制度	**雖然有指示燈・警鈴、但是沒有使用或者不方便使用**
揭示物舊，沒有更新過的痕跡	沒有更新，或者揭示了不要的東西
LT・在庫・生產性・品質情況等的管理專案沒有揭示出來	管理專案雖有揭示出來，但情報陳舊、不起作用
沒有與問題點相關的揭示	揭示內容難懂、或者対策、改善的狀況難懂
沒有揭示「目視化」的資料	雖然有揭示資料但是有些沒有更新
員工把發生不良上報這樣的制度沒有	雖然有員工報告發生的不良但在現場看不到該記錄

「５Ｓ」「目視化」檢查表　評價基準制訂

2點
有生產進度板、實績和計畫、差異有顯示出來
考慮到生產線的指示燈‧警鈴等、發生異常時手能馬上接觸到
揭示物更新為最新版，沒有揭示不需要的東西
管理專案裡揭示的是最新的實績
問題點及其對策、改善的狀況在現場有揭示
必要的情報在必要的地方進行揭示、及時更新
員工會報告發生的不良、在現場有記錄

3點
除了左邊所寫的內容以外、從生產現場的任何地方都能簡單地看到
除了左邊的內容發現異常的話如果把線（生產）停下來會獎勵
改訂廢止、更新已有規定化，並徹底實施
管理重點簡單易懂、能做到一看就懂。
除了左邊內容、對於再發防止也簡單易懂地記載
除了左邊內容、使人只看「一下」就能馬上掌握情報地來總結
除了左邊內容、發生不良時使報告能更容易進行

4點
除了左邊內容、一眼就可以知道問題發生的地方
除了左邊內容、還考慮到提高發現力的制度
除了左邊內容、還考慮到讓任何人都能簡單易懂地看明白
能看到手寫筆記等揭示物被活用的跡象
除了左邊內容、必要的內容所有人員都能容易明白清楚明瞭
除了左邊內容、還會在資料前面進行活躍的討論
考慮到提高全部員工品質意識的這樣的狀況隨處可見

目標實績管理計劃制訂

總目標：9月評價得分：60分（現狀：29分）

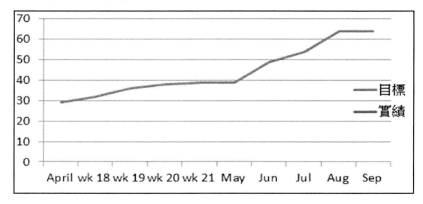

	April	wk 18	wk 19	wk 20	wk 21	May	Jun	Jul	Aug	Sep
目標	29	32	36	38	39	39	49	54	64	64
實績	29									

行動計畫	具體描述	加分數	擔當者	預計完成日
1				
2				
3				
4				
5				
	加總分 0.00			

四、製程能力(Cpk)
概論說明

一. Cpk 名詞定義

Cp：精密度: 數據之分散或集中程度。
Capability of Precision

Ca (k)：準確度:偏離中心之程度。
Capability of Accuracy

因為Cpk最早是由日本人所倡導，及發揚光大的，而Ck的日文為"かたより"，用英文來發音就讀做katayori，中文翻作「偏差」，有中心值變異的意思。現在之所以有人要用Ca來取代Ck，是因為英文的Accuracy 代表準確的意思。

二. 製程能力指數(Cpk)的用途？可應用在廣義的製程上

例.
Cpk 一般較不適用於成品上,比較適用於部品 或零件某一量化特性值之趨勢統計但是如果針對成品外觀尺寸或重量值要做管控的話,也是符合Cpk特性值統計需求。

例.
手工製作丸子雖也可以用Cpk 統計其每顆丸子的重量來做管理。 但是人工的Cpk會比較不穩定,所以必須評估其意義代表性,自動機器比較穩定易於管理及控制。

例.
Cpk也可用來養殖業,例如在不同的養殖池條件, 對其蝦子的大小或重量做Cpk 統計後,找出最佳的養殖條件做改善。
除了以蝦子為例,另外也可套用其他養殖對象。 <u>養殖業也算是一個製程。</u>

例.
Cpk也可用來農業,例如在不同的種植環境(肥料, 光,水,溫度…等)條件,對其蘋果的大小或甜度…等做Cpk 統計後,找出最佳的種植條件做改善。
除了以蘋果為例,另外也可套用其他種植對象。 <u>農業也是一種製程。</u>

三. Cpk 示意靶圖說明

有三個射擊手的射擊靶圖如下

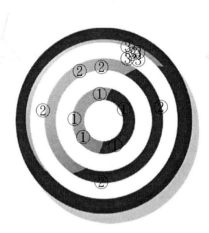

1.哪個
準度高？

2. 哪個
密度高？

3.你會挑哪個選手比較容易訓練？

解:

1.①靶孔準度較高。

2.③靶孔精度較高。

3.挑③靶孔的選手比較好訓練,因為其本身穩定度高, 靶打偏可能是因為準星偏了,所以只要將準星調整好,就輕易能打中靶中心。

①選手雖然打得比較準,但是其靶孔比較分散,可能是因為其本身肌肉強度不夠或技巧不足,所以還必須花一段時間訓練及練習。

四. 常態分佈圖 (*首先一定必須了解的觀念*)

　常態分配是統計學上最重要且應用最廣泛的**連續機率分配**函數。亞伯拉罕於1733年發現此分配；19世紀初高斯將此分配介紹到物理量測之誤差理論，而後發現**自然界很多物理現象均為常態分配**，為紀念高斯，常態分配又稱為高斯分配。像人的身高、壽命、智商、體重……等。

　總簡言之,就是大部分都是相類似的,只有少數是比較特殊的,例如某個地區的人大部分的人都是身高160~180公分之間,只有少數人是160公分以下及180公分以上。

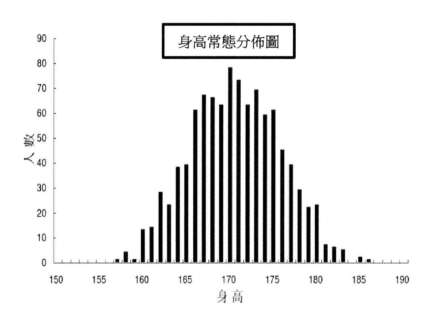

五. 設計規格 & 製程能力關係說明 (機率分布說明)

　一般來說所謂製程能力基於生產線的人、機、料、法、環境之因素下產生一當下之製程能力,而當設計規格的加嚴或寬放,會直接影響生產製程實績如下圖,當規格只有±1δ時製程實績只會有68.26%的機率會落在設計規格內。

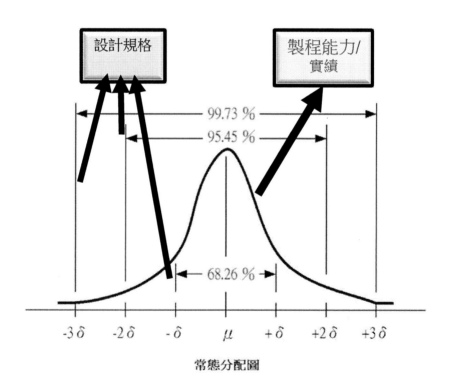

常態分配圖

六. 標準差（σ）定義說明

標準差（又稱標準偏差、均方差，英語：Standard Deviation，縮寫（SD），數學符號 σ（sigma），在**機率統計**中最常使用作為**測量**一組數值的**離散程度**之用。標準差定義：為反映組內個體間的離散程度。

簡單來說，標準差是一組數值自平均值分散開來的程度的一種測量觀念。一個較大的標準差，代表大部分的數值和其平均值之間差異較大；一個較小的標準差，代表這些數值較接近平均值。

例如，兩組數的集合{0, 5, 9, 14}和{5, 6, 8, 9}其平均值都是7，但第二個集合具有較小的標準差。

$$\sigma = \sqrt{\frac{1}{N}\sum_{i=1}^{N}(x_i - \bar{x})^2}$$

$$\sigma = \sqrt{\frac{1}{4}\left[(5-7)^2 + (6-7)^2 + (8-7)^2 + (9-7)^2\right]}$$

$$\sigma = \sqrt{\frac{10}{4}}$$

$\sigma \approx 1.58114$（此為標準差）---------(5,6,8,9)

$\sigma\,(0,5,9,14) = 5.1478$

七. 製程能力(Cpk)判定標準由來

不同Cpk 等級之定義及處置原則如下:

等級	Cpk值	處理原則
A+	$1.67 \leqq Cpk$	無缺點考慮降低成本
A	$1.33 \leqq Cpk \leqq 1.67$	維持現狀
B	$1 \leqq Cpk \leqq 1.33$	有缺點發生
C	$0.67 \leqq Cpk \leqq 1$	立即檢討改善
D	$Cpk \leqq 0.67$	採取緊急措施,進行品質改善,並研討規格

假設製程實績平均值等於規格中心值時, 則Ca = 0, 所以 Cpk = Cp,

而Cp 計算公式為 $USL-LSU/6\sigma$ 所以可計算 Cpk 如下:

1. $\pm 1\sigma$ 時, Cpk= $USL-LSU/6\sigma = 1\sigma -(-1\sigma)/6\sigma = 0.33$
2. $\pm 2\sigma$ 時, Cpk= $USL-LSU/6\sigma = 2\sigma -(-2\sigma)/6\sigma = 0.66$
3. $\pm 3\sigma$ 時, Cpk= $USL-LSU/6\sigma = 3\sigma -(-3\sigma)/6\sigma = 1$
4. $\pm 4\sigma$ 時, Cpk= $USL-LSU/6\sigma = 4\sigma -(-4\sigma)/6\sigma = 1.33$
5. $\pm 5\sigma$ 時, Cpk= $USL-LSU/6\sigma = 5\sigma -(-5\sigma)/6\sigma = 1.67$
6. $\pm 6\sigma$ 時, Cpk= $USL-LSU/6\sigma = 6\sigma -(-6\sigma)/6\sigma = 2$

八. 製程能力指數(Cpk)計算公式

製程能力Cpk = 精密度Cp (1 － 精確度Ca)

$$精密度 Cp = \frac{規格上限_{USL} - 規格下限_{LSL}}{6\sigma 標準差}$$

$$準確度(Ca) = \frac{實績平均值(\bar{x}) - 規格中心值(\mu)}{規格公差_{T/2}}$$

指標 等級	C_p (愈大愈好)	C_{pk} (愈大愈好)	$\lvert C_a \rvert$ (愈小愈好)
A	≥ 1.67	≥ 1.67	0 ~ 6.25%
B	1.33 ~ 1.67	1.33 ~ 1.67	6.25% ~ 12.5%
C	1 ~ 1.33	1 ~ 1.33	12.5% ~ 25%
D	0.67 ~ 1	0.67 ~ 1	25% ~ 50%
E	< 0.67	< 0.67	≥ 50%

九. 例題 1

某部品規格是165±5mm,由每天的生產實績品質得知為$\overline{X} \pm 3\sigma$ = 164 ± 6 mm ,求 Ca？ Cp？ Cpk？ 不良率？

解答:

* Ca = (164-165)/ (10/2) = -1/5 = -0.2 = -20%

$$精密度 Cp = \frac{規格上限_{USL} - 規格下限_{LSL}}{6\sigma 標準差}$$

* Cp = (170- 160)/ 6 × 2 = 10/12 = 0.83

製程能力Cpk = 精密度Cp（1 - 精確度Ca）

Cpk = Cp（1 - Ca）= 0.83(1-(-0.2)= 0.83 × 1.2 = 0.996 < 1

---- D級,須立即改善

由Cpk推定不良率 ---- 有分二種計算方式,常態分配表請參考至書本附件。

[1] 公式一

Z1=3Cp(1+Ca)----------------------由Z1查常態分配表得 P1%

Z2=3Cp(1-Ca)----------------------由Z2查常態分配表得 P2%

P % = P1% + P2%

承前頁計算結果為　Ca = - 0.2 , Cp = 0.83　套入公式如下

Z1= 3×0.83[1+(-0.2)] = 2 ----查表(下頁)得 0.9773

　→1-0.9773=0.0227= 2.27%

Z2= 3×0.83[1-(-0.2)] = 3-----查表(下頁)得 0.99865

　→1-0.99865=0.0014= 0.14%

* P%= 2.27% + 0.13% = 2.41%　---------推定不良率

常態分配表 (1)

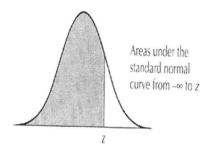

Areas under the
standard normal
curve from $-\infty$ to z

TABLE A.1 (continued)

z	0.00	0.01	0.02	0.03	0.04	0.05	0.06	0.07	0.08	0.09
0.00	0.5000	0.5040	0.5080	0.5120	0.5160	0.5199	0.5239	0.5279	0.5319	0.5359
0.10	0.5398	0.5438	0.5478	0.5517	0.5557	0.5596	0.5636	0.5675	0.5714	0.5753
0.20	0.5793	0.5832	0.5871	0.5910	0.5948	0.5987	0.6026	0.6064	0.6103	0.6141
0.30	0.6179	0.6217	0.6255	0.6293	0.6331	0.6368	0.6406	0.6443	0.6480	0.6517
0.40	0.6554	0.6591	0.6628	0.6664	0.6700	0.6736	0.6772	0.6808	0.6844	0.6879
1.70	0.9554	0.9564	0.9573	0.9582	0.9591	0.9599	0.9608	0.9616	0.9625	0.9633
1.80	0.9641	0.9649	0.9656	0.9664	0.9671	0.9678	0.9686	0.9693	0.9699	0.9706
1.90	0.9713	0.9719	0.9726	0.9732	0.9738	0.9744	0.9750	0.9756	0.9761	0.9767
2.00	0.9773	0.9778	0.9783	0.9788	0.9793	0.9798	0.9803	0.9808	0.9812	0.9817
2.10	0.9821	0.9826	0.9830	0.9834	0.9838	0.9842	0.9846	0.9850	0.9854	0.9857
2.20	0.9861	0.9864	0.9868	0.9871	0.9875	0.9878	0.9881	0.9884	0.9887	0.9890
2.30	0.9893	0.9896	0.9898	0.9901	0.9904	0.9906	0.9909	0.9911	0.9913	0.9916
2.80	0.9974	0.9975	0.9976	0.9977	0.9977	0.9978	0.9979	0.9979	0.9980	0.9981
2.90	0.9981	0.9982	0.9983	0.9983	0.9984	0.9984	0.9985	0.9985	0.9986	0.9986
3.00	0.99865	0.99869	0.99874	0.99878	0.99882	0.99886	0.99889	0.99893	0.99897	0.99900
3.10	0.99903	0.99907	0.99910	0.99913	0.99916	0.99918	0.99921	0.99924	0.99926	0.99929
3.20	0.99931	0.99934	0.99936	0.99938	0.99940	0.99942	0.99944	0.99946	0.99948	0.99950
3.80	0.99993	0.99993	0.99993	0.99994	0.99994	0.99994	0.99994	0.99995	0.99995	0.99995
3.90	0.99995	0.99995	0.99996	0.99996	0.99996	0.99996	0.99996	0.99996	0.99997	0.99997
4.00	0.99997	0.99997	0.99997	0.99997	0.99997	0.99997	0.99998	0.99998	0.99998	0.99998

常態分配表 (2)

Appendix Tables

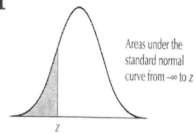

Areas under the
standard normal
curve from $-\infty$ to z

TABLE A.1   Areas Under the Normal Curve

z	0.09	0.08	0.07	0.06	0.05	0.04	0.03	0.02	0.01	0.00
−4.00	0.00002	0.00002	0.00002	0.00003	0.00003	0.00003	0.00003	0.00003	0.00003	0.00003
−3.90	0.00003	0.00003	0.00004	0.00004	0.00004	0.00004	0.00004	0.00004	0.00005	0.00005
−2.50	0.0048	0.0049	0.0051	0.0052	0.0054	0.0055	0.0057	0.0059	0.0060	0.0062
−2.40	0.0064	0.0066	0.0068	0.0069	0.0071	0.0073	0.0075	0.0078	0.0080	0.0082
−2.30	0.0084	0.0087	0.0089	0.0091	0.0094	0.0096	0.0099	0.0102	0.0104	0.0107
−2.20	0.0110	0.0113	0.0116	0.0119	0.0122	0.0125	0.0129	0.0132	0.0136	0.0139
−2.10	0.0143	0.0146	0.0150	0.0154	0.0158	0.0162	0.0166	0.0170	0.0174	0.0179
−2.00	0.0183	0.0188	0.0192	0.0197	0.0202	0.0207	0.0212	0.0217	0.0222	0.0228
−0.20	0.3859	0.3897	0.3936	0.3974	0.4013	0.4052	0.4090	0.4129	0.4168	0.4207
−0.10	0.4247	0.4286	0.4325	0.4364	0.4404	0.4443	0.4483	0.4522	0.4562	0.4602
−0.00	0.4641	0.4681	0.4721	0.4761	0.4801	0.4840	0.4880	0.4920	0.4960	0.5000

九. 例題 1

[2] 公式二

Z1= (下限規格值 LSL － 平均值 û) / 標準差 σ -------由

　　Z1查常態分配表得 P1%

Z2= (上限規格值USL － 平均值 û) / 標準差 σ -------由

　　Z2查常態分配表得 P2%

P % = P1% + P2%

承前題計算結果 USL: 170, LSL: 160 , 平均值: 164 ,

標準差σ : 2 套入公式

Z1=(LSL - û) / σ=160 － 164 / 2 = 4 / 2= - 2 → 查表得

　　0.0228= 2.28%

Z2=(USL - û) / σ=170 － 164 / 2 = 6 / 2= 3 → 查表得

　　0.99865→1 - 0.99865 = 0.0013 = 0.13%

P%= 2.28% + 0.13% = 2.41% -------推定不良率

九. 練習題

　某部品規格是165±5mm,由每天的生產實績品質得知為166/167/165/161/168 , 求 Ca？ Cp？Cpk？

試以公式一和公式二 計算推定不良率？

解答在下一頁

九. 練習題

解答1

公式一、(以Cp & Ca為計算條件)

Z1=3Cp(1+Ca)----------------------由Z1查常態分配表得 P1%

Z2=3Cp(1-Ca)----------------------由Z2查常態分配表得 P2%

P % = P1% + P2%

Z1=3Cp(1+Ca)=3×0.688(1+0.08)=2.064×1.08= 2.23 →查常態
分配表得 0.9871 →1-0.9871= 0.0129= 1.29 %

Z2=3Cp(1-Ca)=3×0.688(1-0.08)= 2.064× 0.92= 1.9 →查常態分
配表得 0.9713 →1-0.9713=0.0287 = 2.87 %

P % = P1% + P2% =1.29 % + 2.87 % = **4.16 %** ----推定不良率

公式二 、(以規格值&平均值&標準差為計算條件)

Z1=(下限規格值 LSL – 平均值 û) / 標準差 σ ------由Z1查
常態分配表得 P1%

Z2=(上限規格值USL – 平均值 û) / 標準差 σ -------由Z2查
常態分配表得 P2%

P % = P1% + P2%

$$準確度(Ca) = \frac{實績平均值(\bar{x})-規格中心值(\mu)}{規格公差T/2}$$

Ca = (165.4-165)/ (10/2) = 0.4/5 = 0.08 = 8%

$$精密度Cp = \frac{規格上限 USL-規格下限 LSL}{6\sigma標準差}$$

Cp = (170- 160)/ 6× 2.42 = 10/14.52 = 0.688

九. 練習題

解答1

公式二、(以規格值&平均值&標準差為計算條件)

製程能力Cpk = 精密度Cp (1 － 精確度Ca) = 0.688(1-0.08)

$$= 0.688 \times 0.92 = 0.633 < 1 \quad \text{D級,須立即改善}$$

Z1=(LSL-û) / σ =160-165.4/2.42 = -5.4/2.42= -2.23 ---查表得 0.0129= 1.29%

Z2=(USL-û) / σ =170-165.4/2.42 = 4.6/2.42=1.9 -------查表得 0.9713→1-0.9713=0.0287 = 2.87%

P%= 1.29% + 2.87% = 4.16 % ------推定不良率

十. **Cpk** & QC抽樣檢驗方式差異說明

QC 抽樣檢驗	Cpk 分析

Follow AQL 隨機抽取樣品
↓
檢驗及測試樣品
↓
判定OK or NG
↓
判定允收或批退

隨機抽取32~50個樣品
↓
量測及記錄樣品
↓
計算單一特性質Cpk 值
↓
判定Cpk 能力

1.確認該產品批之品質水準。
2.代表該時點的整體品質(含功能及外觀……)狀態。
3.變異因素可能包含人為/機器/設備/物料/設計..等。
4.對象為成品/半成品/材料零件皆可。

1.評估生產系統製程能力。
2.較適合自動設備製程。
3.變異因素單純考慮生產設備參數及精密度。
4.對象為材料零件或是特性值。

十. Cpk 評估樣品數制定理由說明

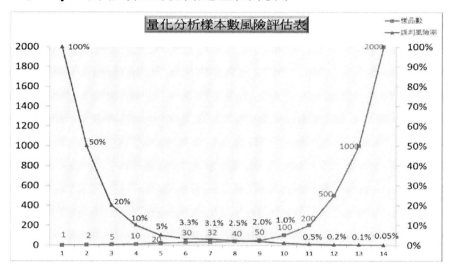

說明:

當只有一個樣本時,誤判風險率為0% or 100% 變化太大,無法判斷。

➤ n=2時, 誤判風險率為0%~50% 。

➤ n=10時,誤判風險率為0%~10% 為判斷,區間誤差較小。

➤ n=30時,誤判風險率為0%~3.3% 為判斷,區間誤差更小。
(比20個樣本,降低的1.7%誤差風險)

➤ n=40時,誤判風險率為0%~2.5% 為判斷,(比30個樣本只減少0.8%)實際的運用上,一定會有人力物力和時間的限制,不可能只為增加一點的效益而花費太大,而在統計分析有這樣的說法,「在95%的信賴水準之下,抽樣誤差率不大於3.0%」,而3.0%與n=32的3.1%相當接近故以樣本數為分母應該至少為n=32,再多一些如40或50還是60也都 OK。

五、管制圖應用說明

一、管制圖的由來

➤ 管制圖是1924年由美國品管大師W.A. Shewhart博士發明。因其用法簡單且效果顯著，人人能用，到處可用，遂成為實施質量管理時不可缺少的主要工具，當時稱為(Statistical Quality Control)。

應用演變

➤ 英國在1932年，邀請W.A. Shewhart博士到倫敦，主講統計質量管理，而提高了英國人將統計方法應用到工業方面之意願。

➤ 就管制圖在工廠中實施來說，英國比美國為早。

➤ 日本在1950年由W.E. Deming博士引到日本。

➤ 同年日本規格協會成立了質量管理委員會，制定了相關的JIS標準。

二、管制圖應用目的

➤ 監督產品是在穩定的製程中被製造出來的,如發現有問題時可立即反應處理不良, 避免大批量不良發生。

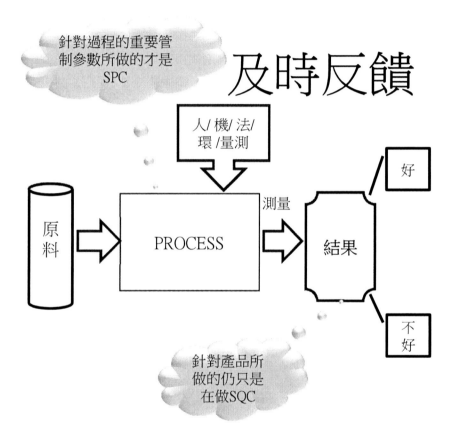

※ SPC (Statistical Process Control), 統計製程管制
※ SQC (Statistical Quality Control), 統計品質管制

三、管制圖種類

『眼睛是靈魂之窗，管制圖是製程之窗』

- 計量值管制圖
    - $\overline{X}$-R 平均值與全距管制圖
    - $\overline{X}$-6 平均值與標準差管制圖
    - $\widetilde{X}$-R 中位元值與全距管制圖
    - X-Rm 個別值與移動全距管制圖

- 計數值管制圖
    - p 不良率管制圖
    - np 不良品數管制圖
    - c 缺點數管制圖
    - u 平均單位缺點數管制圖

四、管制圖的選擇

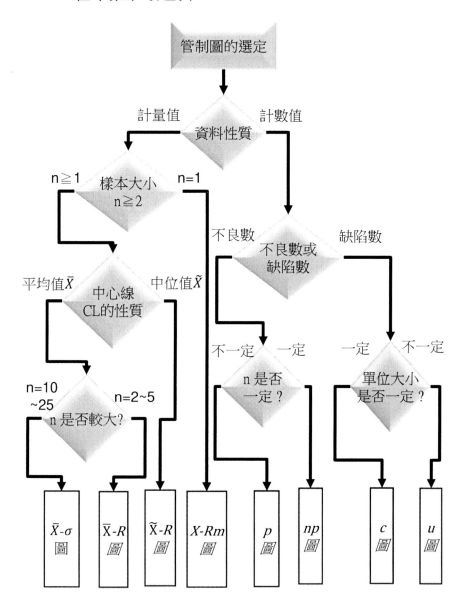

四、管制圖的選擇-----例題
(解答在下頁)

質量特性	樣本數	選用什麼圖
長度	5	?
重量	10	?
乙醇比重	1	?
電燈亮／不亮	100	?
每一百平方米的髒點	100平方米	?

四、管制圖的選擇-----例題 解答

質量特性	樣本數	選用什麼圖
長度	5	$\overline{X}$-R圖
重量	10	$\overline{X}$-δ 圖
乙醇比重	1	X-Rm圖
電燈亮／不亮	100	p / pn 圖
每一百平方米的髒點	100平方米	c / u圖

五、管制圖製作流程

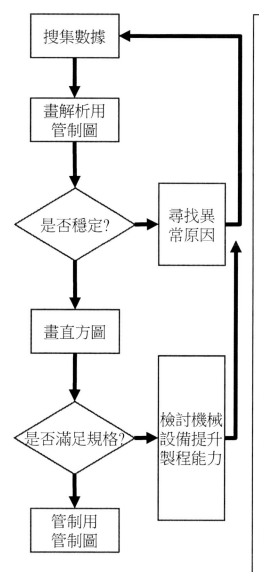

1. 依不同機器、不同人、原料、時間,分別收集。<u>收集至少25組數據,每組數據中樣本 n=2~5之間為最適當。</u>
2. 依據收集數據計算管制圖所需之參數,並繪製管制圖。
3. 確認管制圖中是否有點超出管制界限,找出異常原因並排除。
4. 重新計算管制界限製作管制圖。
5. 製作直方圖,如不是呈現常態分佈。
6. <u>必須檢討數據直至呈常態分佈。</u>
7. 與規格值比較,如不符時則須檢討。
8. 製程條件並改善直至符合規格。

六、管制圖的取樣注意事項

　　為了增加樣本的代表性極可觀性,取樣時必須避免於同一時間一次取樣完成,最佳方式是區分為不同時段進行取樣。

讓組內變化只有偶然因素
讓組間變化只有非偶然因素
　　　　　　➡　　　組內變異小
　　　　　　　　　　組間變異大

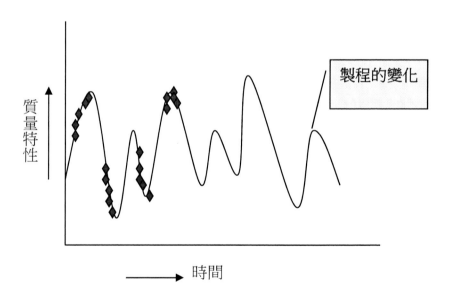

製程的變化

質量特性

時間

七、管制圖常用係數表

管制圖常用係數表

取樣數 n	平均數管制圖			標準差管制圖				全距管制圖					個別值管制圖	X 圖	係數
	管制界限			管制界限				管制界限					管制界限	界限	
	A	A2	A3	B1	B2	B3	B4	d3	D1	D2	D3	D4	E2	m3A2	C3
2	2.121	1.880	2.659	0	1.843	0	3.267	0.853	0	3.685	0	3.267	2.660	1.880	0.603
3	1.732	1.023	1.954	0	1.858	0	2.568	0.888	0	4.358	0	2.575	1.772	1.187	0.463
4	1.500	0.729	1.628	0	1.808	0	2.266	0.880	0	4.698	0	2.282	1.457	0.796	0.389
5	1.342	0.577	1.427	0	1.756	0	2.089	0.864	0	4.918	0	2.115	1.290	0.691	0.341
6	1.225	0.483	1.287	0.026	1.711	0.030	1.970	0.348	0	5.078	0	2.004	1.184	0.549	0.308
7	1.134	0.419	1.182	0.105	1.572	0.118	1.882	0.333	0.205	5.205	0.076	1.924	1.109	0.509	0.282
8	1.061	0.373	1.099	0.167	1.638	0.185	1.815	0.820	0.387	5.307	0.136	1.864	1.054	0.432	0.262
9	1.000	0.337	1.032	0.219	1.609	0.239	1.761	0.808	0.546	5.394	0.184	1.816	1.010	0.412	0.246
10	0.949	0.308	0.975	0.262	1.584	0.284	1.716	0.797	0.687	5.469	0.223	1.777	0.975	0.363	0.232
11	0.905	0.285	0.927	0.299	1.561	0.321	1.679	0.787	0.812	5.534	0.256	1.744			
12	0.866	0.266	0.886	0.331	1.541	0.354	1.645	0.778	0.924	5.592	0.284	1.716			
13	0.832	0.249	0.850	0.359	1.523	0.382	1.618	0.770	1.026	5.646	0.308	1.692			
14	0.802	0.235	0.817	0.384	1.507	0.406	1.594	0.762	1.121	5.693	0.329	1.671			
15	0.775	0.223	0.789	0.406	1.492	0.428	1.572	0.755	1.207	5.737	0.348	1.652			
16	0.750	0.212	0.763	0.427	1.478	0.448	1.552	0.749	1.285	5.779	0.364	1.636			
17	0.728	0.203	0.739	0.445	1.465	0.466	1.534	0.743	1.359	5.817	0.379	1.621			
18	0.707	0.194	0.718	0.461	1.454	0.482	1.518	0.738	1.426	5.854	0.392	1.608			
19	0.688	0.187	0.698	0.477	1.443	0.497	1.503	0.733	1.490	5.888	0.404	1.596			
20	0.671	0.180	0.680	0.491	1.433	0.510	1.490	0.729	1.548	5.922	0.414	1.586			
21	0.655	0.173	0.663	0.504	1.424	0.523	1.477	0.724	1.605	5.950	0.425	1.575			
22	0.640	0.167	0.647	0.516	1.415	0.534	1.466	0.720	1.659	5.979	0.434	1.566			
23	0.626	0.162	0.633	0.527	1.407	0.515	1.455	0.716	1.710	6.006	0.443	1.567			
24	0.612	0.157	0.619	0.538	1.399	0.555	1.445	0.712	1.759	6.031	0.452	1.548			
25	0.600	0.153	0.606	0.548	1.392	0.565	1.435	0.709	1.804	6.058	0.459	1.541			

八、 $\overline{X}$-R 平均值與全距管制圖應用說明

➤ 在計量管制圖中,平均值與全距管制圖是最實用之一品質管制工具,平均值管制圖是管制平均值的變化,即分配之集中趨勢變化,全距管制圖則管制變異之程度,即分配之散佈狀況。

➤ 樣本之數據除了分析集中趨勢外,還要分析離中趨勢,藉以了解品質變化之趨勢。

➤ 取樣時大多去用4或5,並盡量使樣組內之變異小,樣組與樣組間之變異大,管制圖才易生效。

<u>用途:</u> 長度、重量、抗張強度、伸張度、成份、濃度、純度、燈光亮度、厚度、內外徑、深度、電壓、電流、電阻……等。

<u>量測資料收集</u>

數據收集表格						
樣本組	量測值				統計值	
	1	2	………	n	$\bar{x}$	R
1	x_{11}	x_{12}	………	x_{1n}	$\bar{x}_1$	R_1
2	x_{21}	x_{22}	………	x_{2n}	$\bar{x}_2$	R_2
⋮	⋮	⋮	⋮	⋮	⋮	⋮
m	x_{m1}	x_{m2}	………	x_{mn}	$\bar{x}_m$	R_m
平均值					$\bar{\bar{x}}$	$\overline{R}$

八、 $\overline{X}$-R 平均值與全距管制圖應用說明

平均值管制圖

$$\overline{X} = \frac{X_1 + X_2 + X_3 + \cdots X_k}{k} \qquad \overline{\overline{X}} = \frac{\overline{X}_1 + \overline{X}_2 + \overline{X}_3 + \cdots \overline{X}_k}{k}$$

全距管制圖

$$R = X_{max} - X_{min} \qquad \overline{R} = \frac{R_1 + R_2 + R_3 + \cdots R_k}{k}$$

管制圖類別	群體之 μ 及 σ 未知時	群體之 μ 及 σ 已知時
平均值管制圖	$CL\overline{X} = \overline{\overline{X}}$ $UCL\overline{X} = \overline{\overline{X}} + A_2\overline{R}$ $LCL\overline{X} = \overline{\overline{X}} - A_2\overline{R}$	$CL\overline{X} = \mu$ $UCL\overline{X} = \mu + A\sigma$ $LCL\overline{X} = \mu - A\sigma$
全 距管制圖	$CL_R = \overline{R}$ $UCL_R = D_4\overline{R}$ $LCL_R = D_3\overline{R}$	$CL_R = d_2\sigma = \overline{R}$ $UCL_R = D_2\sigma$ $LCL_R = D_1\sigma$

※ μ :群體平均值， σ :群體標準差
※ A_2 、 D_4 、 D_3 、A、 d_2 、 D_1 請查詢管制圖常用係數表

八、 $\bar{X}$-R 平均值與全距管制圖應用說明

例題. (每組樣本數10個以下)

　　某工廠生產一批鋼管想應用 $\bar{X}$-R 管制圖來管制內徑, 尺寸單位 mm, 抽樣量測樣品數據如下, 求其管制圖界限並繪出管制圖。

樣組	測定值					$\bar{X}$	R	樣組	測定值					$\bar{X}$	R
	X1	X2	X3	X4	X5				X1	X2	X3	X4	X5		
1	50	50	49	52	51	50.4	3	14	48	53	51	52	52	51.2	5
2	47	53	53	45	50	49.6	8	15	53	48	49	51	52	50.6	5
3	45	46	48	49	49	47.4	4	16	47	53	50	53	51	50.8	6
4	50	48	52	49	48	49.4	4	17	49	49	49	50	52	49.8	3
5	46	50	48	54	50	49.6	8	18	50	49	49	52	50	50	3
6	52	50	49	53	52	51.2	4	19	53	52	51	48	47	50.2	6
7	48	49	51	48	52	49.6	4	20	48	48	48	50	50	48.8	2
8	50	46	47	49	51	48.6	5	21	53	53	55	49	50	52	6
9	53	51	52	51	48	51	5	22	55	54	51	52	51	52.6	4
10	51	51	48	49	50	49.8	5	23	51	48	48	53	53	50.6	5
11	46	48	47	51	48	48	5	24	49	53	52	48	49	50.2	5
12	51	50	49	50	52	50.4	3	25	53	51	50	51	50	51	3
13	49	49	55	53	51	51.4	6							1254.2	115

$\bar{\bar{X}} = \dfrac{\Sigma X}{k} = \dfrac{1254.2}{25} = 50.17$ ，查管制圖常用係數表 A2, D3, D4 ，

因為每組樣本數為 5 ，

$\bar{R} = \dfrac{\Sigma R}{k} = \dfrac{115}{25} = 4.6$　　　　故查出A2= 0.577 , D3= 0, D4= 2.115

八、 $\overline{X}$-R 平均值與全距管制圖應用說明

求管制界限

$\overline{\overline{X}} = \frac{\Sigma X}{k} = \frac{1254.2}{25} = 50.17$ ，查管制圖常用係數表 A2, D3, D4 ，

因為每組樣數為 5 ，

$\overline{R} = \frac{\Sigma R}{k} = \frac{115}{25} = 4.6$ ---------故查出A2= 0.577 , D3= 0, D4= 2.115

解答：

$\overline{X}$ 管制圖

$\text{CL}\overline{X} = \overline{\overline{X}} = 50.17$(中心值), $\text{UCL}\overline{X} = \overline{\overline{X}} + A_2\overline{R} = 50.17 +$
　　　　$(0.577\times4.6) = 52.82$-------(管制上限)
$\text{LCL}\overline{X} = \overline{\overline{X}} - A_2\overline{R} = 50.17 - (0.577\times4.6) = 47.52$(管制下限)

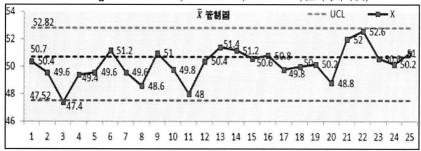

R 管制圖

$\text{CL}_R = \overline{R} = 4.6$ (中心值) , $\text{UCL}_R = D_4\,\overline{R} = 2.115 \times 4.6 = 9.73$
(管制上限)
$\text{LCL}_R = D_3\,\overline{R} = 0 \times 4.6 = 0$ ----------(管制下限)

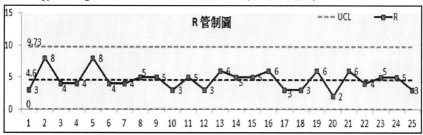

九、 $\bar{X}$-σ平均值與標準差管制圖應用說明

➤ $\bar{X}$-σ管制圖與$\bar{X}$-R管制圖之使用地方大致相同,唯一區別在每組樣本大小多少不同,因為當樣本增多時,測定值已隨之增多。以R值代表其變異已不夠準確,故必須改用標準差σ代替全距 R。

➤ 故當每組樣本數超過10個以上時則必須用$\bar{X}$-σ管制圖為佳。

公式

管制圖類別	群體情況未知時	群體情況已知時
平均值管制圖	CL X= $\bar{X}$ UCLX = $\bar{X}$ + $A_3\bar{\sigma}$ LCL_X = $\bar{X}$ - $A_3\bar{\sigma}$	CL X = μ UCL X = μ +A σ LCL X = μ - A σ
標準差管制圖	CL_S = $\bar{\sigma}$ UCL_S = $B_4\bar{\sigma}$ LCL_S = $B_3\bar{\sigma}$	CL_S = $C_2\sigma$ UCL_S = $B_2\sigma$ LCL_S = $B_1\sigma$

※ μ:群體平均值, σ:群體標準差

※ A_3、D_4、D_3、A、d_2、D_1 請查詢管制圖常用係數表

九、 $\bar{X}$- σ 平均值與標準差管制圖應用說明

例題. (每組樣本數10個以上)

　　某工廠生產以自動設備生產汽車零件想應用$\bar{X}$-σ 管制圖來管制外徑,尺寸單位 mm,

每次**抽樣20個樣品數**,共20組據如下, 求其管制圖界限並繪出管制圖。

樣組	平均值 $\bar{X}$	標準差 σ	樣組	平均值 $\bar{X}$	標準差 σ
1	33.27	8.45	11	30.34	9.66
2	29.35	8.55	12	29.23	9.41
3	27.17	10.35	13	30.88	8.85
4	25.64	8.47	14	28.73	10.35
5	31.59	9.94	15	30.86	10.38
6	32.77	10.34	16	31.65	6.12
7	26.98	9.53	17	35.54	11.23
8	31.54	10.97	18	33.34	10.37
9	30.55	9.43	19	29.68	14.15
10	26.43	10.28	20	27.89	10.25
			TOTAL	603.43	197.08

解答：

$$\bar{\bar{X}} = \frac{\Sigma\bar{X}}{k} = \frac{603.43}{20} = 30.17$$, 查管制圖常用係數表 A1, B4,

B3 ,因為每組樣本數為20 ,

$$\bar{\sigma} = \frac{\Sigma\sigma}{k} = \frac{197.08}{20} = 9.85$$, 故查出A1= 0.697 , B4= 1.49

B3= 0.51

$\bar{X}$ 管制圖

$CL\bar{X} = \bar{\bar{X}} = 30.17$ --------中心值

$UCL\bar{X} = \bar{\bar{X}} + A_3\bar{\sigma} = 30.17 + (0.680 \times 9.85) = 36.87$ --------管制上限

$LCL\bar{X} = \bar{\bar{X}} - A_3\bar{\sigma} = 30.17 - (0.680 \times 9.85) = 23.47$ ----------管制下限

九、 $\bar{X}$-σ平均值與標準差管制圖應用說明

$\bar{X}$ 管制圖

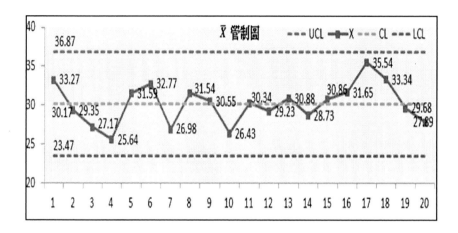

σ管制圖

$CL_S = \bar{\sigma} = 9.85$ -----------中心值

$UCL_S = B_4\,\bar{\sigma} = 1.49 \times 9.85 = 14.68$ -------------管制上限

$LCL_S = B_3\,\bar{\sigma} = 0.51 \times 9.85 = 5.02$ --------------管制下限

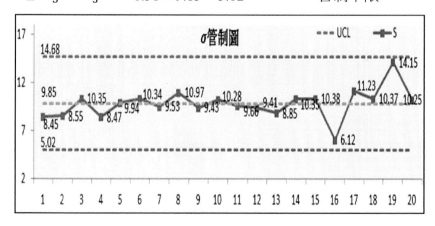

十、 $\tilde{X}$- R中位元值與全距管制圖應用說明

➢ 中位值與全距管制圖管理品質特性和用平均值與全距
   管制圖大致相同。
   $\tilde{X}$ - R管制圖則是用各樣組中之中位值($\tilde{X}$)代替樣組之
   平均值($\overline{X}$),如此可免除樣本中極端數值之影響。
➢ 中位值計算較為簡單,但是**對於不正常現象之檢出力較差**。
   所以在一般的品質管理中仍大多以平均值與全距管制圖
   使用。

收集數據
➢ 取有代表性之數據20~25組
➢ 每組樣本大小為3~5個(最好取奇數)
➢ 樣本組中的中位數計算方式如下

例1. 28、32 、38 、45 、51 中位數: 38

例2. 5 、8 、9 、12 中位數: 8+9/2 = 8.5

公式

$\tilde{X}$ 管制圖

$$CL_{\tilde{X}} = \frac{\Sigma \tilde{X}}{k} = \bar{\bar{X}}$$

$$UCL\tilde{X} = \bar{\bar{X}} + m_3 A_2 \bar{R}$$

$$LCL\tilde{X} = \bar{\bar{X}} - m_3 A_2 \bar{R}$$

R 管制圖

$$CL_R = \frac{\Sigma R}{k} = \bar{R}$$

$$UCL_R = D_4 \bar{R}$$

$$LCL_R = D_3 \bar{R}$$

十、 $\tilde{X}$- R中位元值與全距管制圖應用說明

例題. (20~25 組樣本數)

某工廠製造汽車零件,使用 $\tilde{X}$ - R管制圖監控其寬度,蒐集了25組數據資料, 如何繪製 $\tilde{X}$ - R管制圖?

批號	測定值					$\tilde{X}$	R	批號	測定值					$\tilde{X}$	R
	X1	X2	X3	X4	X5				X1	X2	X3	X4	X5		
1	54	55	49	52	51	52	6	14	48	53	51	54	52	52	6
2	47	53	52	45	50	50	8	15	53	48	49	51	52	51	5
3	45	46	48	49	53	48	8	16	47	53	50	55	51	51	8
4	50	48	52	49	51	50	4	17	49	44	55	50	54	50	11
5	46	49	48	54	50	49	8	18	55	47	49	53	57	53	10
6	52	50	49	50	54	52	5	19	53	52	51	48	47	51	6
7	48	49	51	55	52	51	7	20	57	56	55	54	53	55	4
8	50	46	47	49	51	49	5	21	53	51	55	49	50	51	6
9	53	51	52	51	48	52	5	22	55	54	53	52	51	53	4
10	53	51	48	49	50	50	5	23	49	48	45	53	56	49	11
11	46	48	47	51	55	48	9	24	52	53	52	48	47	49	6
12	51	48	49	52	51	51	6	25	53	51	52	50	46	51	7
13	49	50	60	53	51	51	11							1269	171

※因每組樣本數為5, 故查常用係數表得 m_3A_2: 0.691, D_4: 2.115, D_3: 0

$\tilde{X}$ 管制圖

$$\text{CL}_{\tilde{X}} = \frac{\Sigma \tilde{X}}{k} = \bar{\tilde{X}} = \frac{1269}{25} = 50.76$$

$$\text{UCL}\tilde{X} = \bar{\tilde{X}} + m_3A_2\bar{R} = 50.76 + (0.691 \times 6.84) = 55.49$$

$$\text{LCL}\tilde{X} = \bar{\tilde{X}} - m_3A_2\bar{R} = 50.76 - (0.691 \times 6.84) = 46.03$$

R 管制圖

$$\text{CL}_R = \frac{\Sigma R}{k} = \bar{R} = \frac{171}{25} = 6.84$$

$$\text{UCL}_R = D_4\bar{R} = 2.115 \times 6.84 = 14.47$$

$$\text{LCL}_R = D_3\bar{R} = 0 \times 6.84 = 0$$

十、 $\tilde{X}$-R中位元值與全距管制圖應用說明

$\tilde{X}$ 管制圖

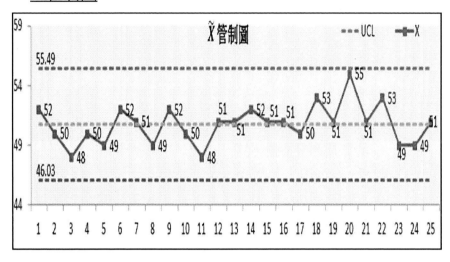

R 管制圖

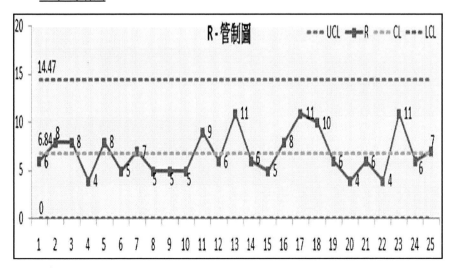

十一、 X - R_m個別值與移動全距管制圖 應用說明

➤ 在$\bar{X}$-R管制圖、$\bar{X}$-σ管制圖 及 $\tilde{X}$- R管制圖都不能使用或不需使用,就僅能用個別值與移動全距管制圖(X - R_m)來監控產品特性品質。

➤ 分析或測試樣品品質特性,手續較為麻煩及費時間。

➤ 索取之樣本是屬一種極為均勻一致的產品,例如液體類或氣體類……等。

➤ 產品製造時間需要很長才能完成者,才能得到一個測定值。

➤ 非常貴重之產品,測試一個樣品會造成大的金錢損失。

➤ 屬於破壞性檢驗,檢驗後即損失產品。

➤ 管制製造條件如溫度、濕度、壓力……等。

公式

$$\bar{X} = \frac{\Sigma X}{k} = \frac{X1 + X2 + X3 + \cdots + Xk}{k} \quad , \quad Rm = |X_i - X_{i+1}| \quad ,$$

$$Rm = \frac{\Sigma Rm}{K - n + 1}$$

X – Rm 管制圖係數				
n	2	3	4	5
E_2	2.660	1.772	1.457	1.290

十一、 X - R_m個別值與移動全距管制圖 應用說明

管制圖上下界限計算公式

X 管制圖

$$CL_X = \frac{\Sigma X}{k} = \bar{X}$$

$$UCL_X = \bar{X} + E_2\bar{R}m$$

$$LCL_X = \bar{X} - E_2\bar{R}m$$

Rm 管制圖

$$CL_{Rm} = \frac{\Sigma Rm}{k-n+1} = \bar{R}m$$

$$UCL_{Rm} = D_4\bar{R}m$$

$$LCL_{Rm} = D_3\bar{R}m$$

例題.

　某化學工廠製造化妝水,欲使用X - Rm管制圖監控其品質特性,每個量測數據需要一天才能完成,蒐集了25個量測數據資料,如何繪製X - Rm管制圖。

組號	X	Rm	組號	X	Rm	組號	X	Rm
1	54		10	53	0	19	53	2
2	47	7	11	46	7	20	48	5
3	45	2	12	51	5	21	53	5
4	50	5	13	49	2	22	55	2
5	46	4	14	48	1	23	49	6
6	52	6	15	53	5	24	49	0
7	48	4	16	47	6	25	53	4
8	50	2	17	49	2	Total	1256	91
9	53	3	18	55	6			

Rm2=54-47==7 , Rms=47-45=2 , Rm4=45-50=5,
後續以此類推計算其差異值。

十一、 X - R_m 個別值與移動全距管制圖應用說明

解答：

<u>X 管制圖</u>

n:2 查X- Rm 管制圖係數 E_2 = 2.66

$\text{CL}_X = \frac{\Sigma X}{k} = \bar{X} = \frac{1256}{25} = 50.24$

$\text{UCL}_X = \bar{X} + E_2 \bar{R}m = 50.24 + (2.66 \times \frac{91}{25}) = 59.92$

$\text{LCL}\tilde{X} = \bar{X} - E_2 \bar{R}m = 50.24 - (2.66 \times \frac{91}{25}) = 40.56$

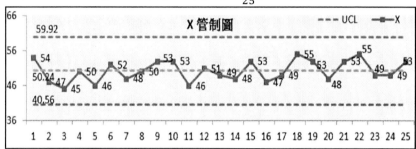

<u>Rm 管制圖</u>

n:2 查管制圖係數表 D_4 :3.267 ， D_3 : 0

$\text{CL}_{Rm} = \frac{\Sigma Rm}{k-n+1} = \bar{R}m = \frac{91}{25-2+1} = 3.79$

$\text{UCL}_{Rm} = D_4 \bar{R}m = 3.267 \times 3.64 = 11.89$

$\text{LCL}_{Rm} = D_3 \bar{R}m = 0 \times 3.64 = 0$

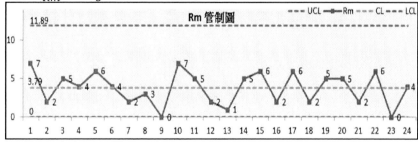

十二、 p 不良率管制圖應用說明

➤ 不良率係不良品個數(d)與檢查個數 (n) 之比例。

➤ 僅能以不良品表示之品質特性。

➤ 大量剔選將產品依規格分為合格或不合格品時。

➤ 產品用"通"與"不通"量規或自動挑選機分為良品或不良品時。

➤ 可能常發生管制下限為負數,結果以零取代,導致上下界限與中心值形成不對稱,不符合±3σ原理,所以最好抽取樣本之大小能使管制下限大於零為佳。

➤ 不良率管制圖之樣本大小可以一定,或不一定。

➤ 數據收集需20組以上。

➤ 須依 $\bar{p}$ 來決定每組樣本 n 之大小,使每組樣本內有1~5個不良品為佳。

公式

$$平均不良率 = \bar{p} = \frac{\Sigma d}{\Sigma n} = \frac{d1+d2+\cdots.dk}{n1+n2+\cdots nk} = \frac{不良品總數}{檢查次數}$$

$$標準差 = \sigma_p = \sqrt{\frac{\bar{p}(1-\bar{p})}{n}}$$

n: 為每次樣品大小

$$n = \frac{1}{\bar{p}} \sim \frac{5}{\bar{p}}$$

假設 $\bar{p}$ = 4% 時, 每組樣本大小 $n = \frac{1}{4\%} \sim \frac{5}{4\%} = 25 \sim 125$

十二、 p 不良率管制圖應用說明

公式---------依樣品數量不同可分三種類型

各組樣本大小 n 相等時 (管制界限固定)	各組樣本大小 n 不相等時, 相差大於20% (每組之管制界限不一樣)	各組樣本大小 n 不相等時, 相差不大於20% (管制界限固定)
$CL_p = \bar{p} = \dfrac{\Sigma d}{\Sigma n}$ $UCL_P = \bar{p} + 3\sqrt{\dfrac{\bar{p}(1-\bar{p})}{n}}$ $LCL_P = \bar{p} - 3\sqrt{\dfrac{\bar{p}(1-\bar{p})}{n}}$	$CL_p = \bar{p} = \dfrac{\Sigma d}{\Sigma n}$ $UCL_{p_i} = \bar{p} + 3\sqrt{\dfrac{\bar{p}(1-\bar{p})}{n_i}}$ $LCL_{p_i} = \bar{p} - 3\sqrt{\dfrac{\bar{p}(1-\bar{P})}{n_i}}$	$CL_p = \bar{p} = \dfrac{\Sigma d}{\Sigma n}$ $UCL_P = \bar{p} + 3\sqrt{\dfrac{\bar{p}(1-\bar{p})}{\bar{n}}}$ $LCL_P = \bar{p} - 3\sqrt{\dfrac{\bar{p}(1-\bar{p})}{\bar{n}}}$

例題一. 樣本大小固定

　　某玻璃杯製造工廠,每2小時抽取150個來檢查,並將檢查結果數據,整理如下表, 如何利用不良率管制圖來進行品質管制。

組號	n	d	p	組號	n	d	p	組號	n	d	p
1	150	3	0.020	10	150	4	0.027	19	150	5	0.033
2	150	4	0.027	11	150	3	0.020	20	150	3	0.020
3	150	2	0.013	12	150	5	0.033	21	150	4	0.027
4	150	5	0.033	13	150	6	0.040	22	150	6	0.040
5	150	8	0.053	14	150	7	0.047	23	150	5	0.033
6	150	6	0.040	15	150	9	0.060	24	150	7	0.047
7	150	4	0.027	16	150	8	0.053	25	150	3	0.020
8	150	3	0.020	17	150	7	0.047	Total	3750	123	
9	150	1	0.007	18	150	5	0.033	平均值	150	4.92	0.033

十二、 p 不良率管制圖應用說明
----- 樣本大小固定

解答:

$$CL_p = \bar{p} = \frac{\Sigma d}{\Sigma n} = \frac{123}{3750} = 3.28\%$$

$$UCL_p = \bar{p} + 3\sqrt{\frac{\bar{p}(1-\bar{p})}{n}} = 3.28 + 3\sqrt{\frac{3.28(100-3.28)}{150}} = 3.28 + 4.36$$
$$= 7.64\%$$

$$LCL_p = \bar{p} - 3\sqrt{\frac{\bar{p}(1-\bar{p})}{n}} = 3.28 - 3\sqrt{\frac{3.28(100-3.28)}{150}} = 3.28 - 4.36$$
$$= 0\% \text{ (負數以零表示)}$$

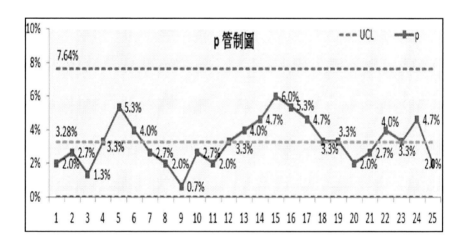

十二、 p 不良率管制圖應用說明
----- 樣本大小不固定

例題二.

某玻璃杯製造工廠,每2小時抽取150個來檢查,並將檢查結果數據,整理如下表, 如何利用不良率管制圖來進行品質管制。

(樣本大小不固定)

組號	n	d	p	UCL	LCL	組號	n	d	p	UCL	LCL	組號	n	d	p	UCL	LCL
1	150	10	6.7%	18.50%	3.25%	10	160	13	8.1%	18.26%	3.49%	19	130	12	9.2%	19.06%	2.68%
2	100	12	12.0%	20.21%	0.98%	11	150	12	8.0%	18.50%	3.25%	20	125	15	12.0%	19.23%	2.52%
3	120	9	7.5%	19.40%	2.35%	12	120	9	7.5%	19.40%	2.35%	21	120	18	15.0%	19.40%	2.35%
4	90	11	12.2%	20.72%	1.03%	13	100	14	14.0%	20.21%	1.53%	22	110	19	17.3%	19.78%	1.97%
5	140	15	10.7%	18.77%	2.98%	14	110	13	11.8%	19.78%	1.97%	23	90	13	14.4%	20.72%	1.03%
6	105	17	16.2%	19.99%	1.76%	15	90	15	16.7%	20.72%	1.03%	24	85	12	14.1%	21.00%	0.74%
7	130	15	11.5%	19.06%	2.68%	16	95	13	13.7%	20.45%	1.29%	25	120	11	9.2%	19.40%	2.35%
8	125	14	11.2%	19.23%	2.52%	17	130	12	9.2%	19.06%	2.68%	Total	2980	324			
9	145	10	6.9%	18.63%	3.12%	18	140	10	7.1%	18.77%	2.98%	平均值	119.2	12.96	10.9%		

解答:

因為樣本大小不固定,故其上下界限亦須依不同樣本大小各別計算

$$CL_p = \bar{p} = \frac{\Sigma d}{\Sigma n} = \frac{324}{2980} = 10.87\%$$

$$UCL_{p_i} = \bar{p} + 3\sqrt{\frac{\bar{p}(1-\bar{p})}{n_i}} = 10.87\% + 3 \times \sqrt{\frac{10.87\%(100-10.87\%)}{150}}$$

$$= 18.50\%$$

$$LCL_{p_i} = \bar{p} - 3\sqrt{\frac{\bar{p}(1-\bar{p})}{n_i}} = 10.87\% - 3 \times \sqrt{\frac{10.87\%(100-10.87\%)}{150}}$$

$$= 3.25\%$$

十二、 p 不良率管制圖應用說明
----- 樣本大小不固定

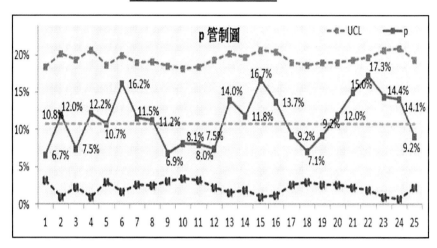

P.S. 正常的上下限管制線應該是呈現直方線形式,不是如上
圖的 弧形線, 作者因為是Excel圖表所以無法呈現直方
線,請各位讀者於實際應用時請劃出直方管制線才是
正確。(如下圖所示)

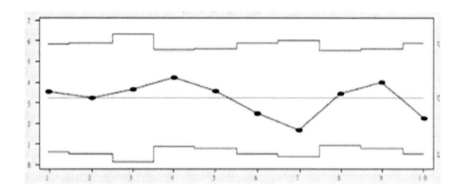

十三、 pn 不良數管制圖應用說明

- 樣本大小(n)必須相等。
- 通常使用此管制圖樣本大小總是較多,如100 或 200以上。
- 使用於不良數大於4之場合。
- 數據收集需20~25組。
- 每組樣本含1~5個之不良數為佳。 即 $\frac{1}{\bar{p}} \sim \frac{5}{\bar{p}}$

公式

$$CL_{pn} = n\bar{p} = \bar{d} = \frac{\Sigma d}{k}$$

$$UCL_{Pn} = n\bar{p} + 3 \sqrt{n\bar{p}(1 - \bar{p})}$$

$$LCL_{Pn} = n\bar{p} - 3 \sqrt{n\bar{p}(1 - \bar{p})}$$

$$\sigma_{pn} = \sqrt{n\bar{p}(1 - \bar{p})}$$

例題.

某玻璃杯製造工廠,收集25組檢查結果記錄如下,如何用pn
管制圖來進行品質管制。

組號	n	d	組號	n	d	組號	n	d
1	200	1	10	200	2	19	200	3
2	200	3	11	200	2	20	200	6
3	200	4	12	200	3	21	200	2
4	200	4	13	200	1	22	200	1
5	200	3	14	200	1	23	200	1
6	200	2	15	200	3	24	200	3
7	200	2	16	200	2	25	200	3
8	200	5	17	200	2	Total	5000	61
9	200	1	18	200	1			

十三、 pn 不良數管制圖應用說明

解答:

$$CL_{pn} = n\bar{p} = \bar{d} = \frac{\Sigma d}{k} = \frac{61}{25} = 2.44 \qquad \bar{p} = \frac{\Sigma d}{\Sigma n} = \frac{61}{5000} = 0.012$$

$$UCL_{Pn} = n\bar{p} + 3\sqrt{n\bar{p}(1-\bar{p})} = 2.44 + 3\sqrt{2.44(1-0.012)}$$

$$= 7.09$$

$$LCL_{Pn} = n\bar{p} - 3\sqrt{n\bar{p}(1-\bar{p})} = 2.44 - 3\sqrt{2.2(1-0.012)} = 0$$

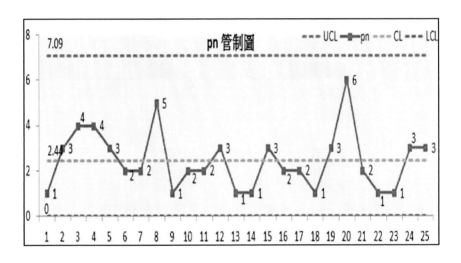

十四、 C缺點管制圖應用說明

> 樣本大小(n)必須相等。
> 用缺點之數目,表示品質,用於雖有缺點,但其本身功能尚未消失, 而希望其缺點不致於太多時管制之用。
> 樣本應取一定之長度、面積、一定數量之製品。
> 數據收集需20~25組。
> 每組樣本含1~5個之不良數為佳。

公式

$$CL_C = \frac{\Sigma c}{k}$$

$$UCL_C = \bar{C} + 3\sqrt{\bar{C}}$$

$$LCL_C = \bar{C} - 3\sqrt{\bar{C}}$$

例題.

某PCB製造工廠,收集25片檢查結果記錄如下,如何用c管制圖來進行品質管制。

組號	n	C	組號	n	C	組號	n	C
1	1	1	10	1	2	19	1	3
2	1	3	11	1	2	20	1	3
3	1	4	12	1	3	21	1	2
4	1	4	13	1	1	22	1	1
5	1	3	14	1	1	23	1	1
6	1	2	15	1	3	24	1	3
7	1	2	16	1	2	25	1	3
8	1	5	17	1	2	Total	25	58
9	1	1	18	1	1			

十四、 C 缺點管制圖應用說明

解答:

$$CL_C = \frac{\Sigma C}{k} = \frac{58}{25} = 2.32 \quad , \quad UCL_C = \bar{C} + 3\sqrt{\bar{C}}$$

$$= 2.32 + 4.57 = 6.89$$

$$LCL_C = \bar{C} - 3\sqrt{\bar{C}} = 2.32 - 4.57 = 0$$

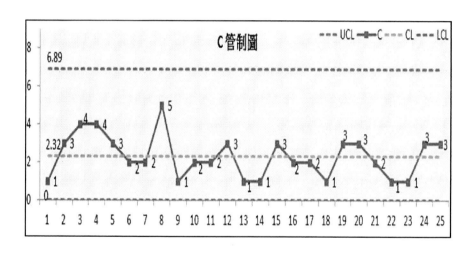

十五、u單位缺點管制圖應用說明

➢ 樣本大小(n)不相同。

➢ 當有時所抽樣本之長度不等、面積不等或樣本大小不相等之 情況下,需計算每一單位之平均缺點數時。

➢ 數據收集需20~25組。

➢ 每組樣本含1~5個之缺點為佳。

公式

$$CL_u = \bar{u} = \frac{\Sigma C}{\Sigma n}$$

$$UCL_u = \bar{u} + 3\sqrt{\frac{\bar{u}}{n}}$$

$$LCL_u = \bar{u} - 3\sqrt{\frac{\bar{u}}{n}}$$

例題.

某家布料製造工廠,依尺寸大小抽樣不同尺寸樣品檢查缺點,收集25組檢查結果記錄如下,如何用 u 管制圖來進行品質管制。

組號	n	C	u	ULC	LCL	組號	n	C	u	ULC	LCL	組號	n	C	u	ULC	LCL
1	1	1	1	6.04	-2.24	10	1.4	2	1.43	5.40	-1.02	19	2.2	3	1.36	4.69	-0.49
2	1	3	3	6.04	-0.49	11	1.4	4	2.86	5.40	0.17	20	2.2	7	3.18	4.69	0.34
3	1	2	2	6.04	-1.02	12	1.4	3	2.14	5.40	-0.49	21	2.2	2	0.91	4.69	-1.02
4	1	4	4	6.04	-0.17	13	1.4	1	0.71	5.40	-2.24	22	2.2	4	1.82	4.69	-0.17
5	1	3	3	6.04	-0.49	14	1.4	5	3.57	5.40	0.05	23	2.2	1	0.45	4.69	-2.24
6	1.2	2	1.67	5.68	-1.02	15	1.8	3	1.67	4.99	-0.49	24	2.2	6	2.73	4.69	0.21
7	1.2	3	2.50	5.68	-0.49	16	1.8	4	2.22	4.99	-0.17	25	2.2	3	1.36	4.69	-0.49
8	1.2	5	4.17	5.68	0.05	17	1.8	2	1.11	4.99	-1.02	Total	39.4	75			
9	1.2	1	0.83	5.68	-2.24	18	1.8	1	0.56	4.99	-2.24	Ave u	1.90				

十五、u 單位缺點管制圖應用說明

解答:

$$CL_u = \bar{u} = \frac{\Sigma C}{\Sigma n} = \frac{75}{39.4} = 1.90, \quad UCL_u = \bar{u} + 3\sqrt{\frac{\bar{u}}{n}}$$

$$= 1.90 + 4.14 = 6.04$$

$$LCL_u = \bar{u} - 3\sqrt{\frac{\bar{u}}{n}} = 1.90 - 4.14 = 0 \boxed{(-2.24)}$$

☐ ※下界限為負值時,定義為零

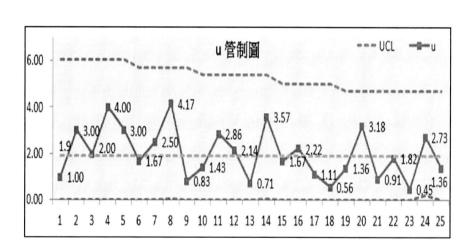

十六、管制圖判讀方法

> 超出管制界限的點：出現一個或多個點超 出任何一個管制界限,判定該點是處於失控的異常狀態。

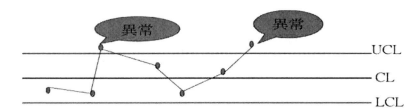

> 鏈：有下列現象之一即表明過程已改變, 代表中心值已經明顯偏移了。

> 連續7點位於平均值的一側。

> 連續7點上升(後點等於或大於前點)或下降。

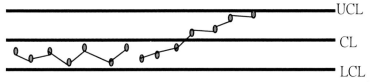

> 明顯的非隨機圖形：應依正態分佈來判定圖形,正常應是有2/3的點落於中間1/3的區域。

> 依圖形看來,雖然點都在規格內,但是有一半落點 不在中間1/3區域內。

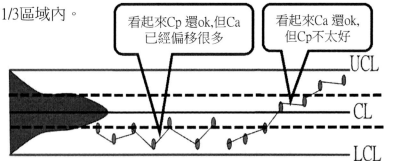

十六、管制圖判讀方法

➤ 管制狀態的標準可歸納為二條:

  ➤ 第一條, 管制圖上點不超過管制界限。

  ➤ 第二條, 管制圖上點的排列分佈沒有缺陷。

➤ 進行管制所遵循的依據標準:

  ➤ 連續25點以上處於管制界限內。

  ➤ 連續35點中, 僅有1點超出管制界限。

  ➤ 連續100點中, 不多於2點超出管制界限。

➤ 監控管理

  ➤ 鏈: 點連續出現在中心線 CL 一側的現象稱為鏈, 鏈的長度用鏈內所含點數多少來判別。

    • 當出現5點鏈時, 應注意發展情況, 檢查操作方法有無異常。

    • 當出現6點鏈時, 應開始調查原因。

    • 當出現7點鏈時, 判定為有異常, 應採取措施。

十六、管制圖判讀方法

➢ 管制狀態異常判讀種類

➢ 連續6點持續地上升或下降

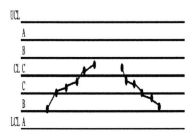

➢ 連續11點交互一升一降

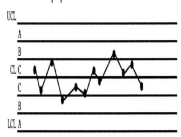

➢ 相連3點中有2點在同側的A區或A區之外

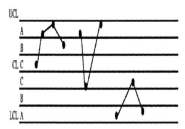

➢ 相連5點中有4點在同側的B區或B區之外

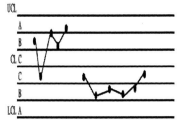

➢ 連續15點在中心線上下兩側的C區

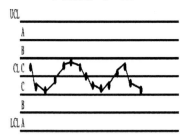

➢ 有8點在中心線之兩側，但C區並無點子

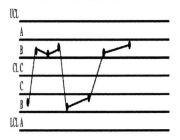

十六、管制圖判讀方法

> ## 管制狀態判讀異常處理

製程變異種類	現象	可能原因	改善行動
	製程偏移	1. 機器設備性能衰退 2. 作業員疲勞 3. 治具磨損 4. 原料或環境隨時間變動	1. 修復機器設備或使用備用設備 2. 與作業員討論找出原因 3. 作業員輪調 4. 修復、校正治具 5. 對原料的影響進行確認
	不穩定	1. 原料品質大變異 2. 測試方法與設備的突然變動 3. 混料 4. 作業員調整製程過度	1. 檢查原料品質是否有很大 2. 確認測試程序 3. 確認檢查的頻率與方法 4. 確認製程參數
	大落差循環	1. 季節性效應 2. 定期的作業員或設備輪調 3. 定期保養 4. 溫溼度的波動	1. 若環境因素是可控制的，請調整 2. 評估機器設備的保養方式 3. 消除作業員或設備輪調的差異
	連串(鏈效應)	1. 新手上路 2. 生產方法或製程的變動 3. 檢驗設備或方法的變更 4. 原料來源的變動	1. 維持固定來源的原料供應 2. 量測方法的確認 3. 檢查作業方式與操作說明 4. 檢查設備的性能
	管制界限有誤	1. 管制界限計算錯誤 2. 製程能力已被改善 3. 員工記錄錯誤 4. 樣本來自有極大差異的產品批中	1. 重新計算管制界限 2. 重新抽樣檢驗確認 3. 檢查記錄的程序

六、QCC + 品管七大工具
(Quality Control Circle)

QCC 品管圈推行要領

一、 組圈的目的

1、培養員工積極改善的意識以及問題解決的能力。

2、強化員工對團體之歸屬感及其工作上之成就感。

3、促使組織之政策目標能有效達成並且持續落實。

4、引導員工參與品質經營以促進管理水準之紮根。

5、協助組織能全面普及化的訓練員工及發掘人才。

二、組圈的原則

1、由工作性質相同或相近、同一個單位、同一工作現場的人組成。

2、對於改善主題跨越不同部門時，可以由與主題關係較密切之單位主導，邀請不同部門之相關人員共同組成聯合圈。

3、組圈人數一般以4～10人為原則，儘量不要超過10人。

4、主題不宜過大。

三、組圈的過程

1、邀集相關人員組圈

2、召開組圈會議

　　召開組圈初次會議，討論圈長、輔導員、圈名、圈徽、會議召開時間、主席記錄之安排等等相關事宜。

3、邀聘輔導員

　　一般均邀請直屬主管或對圈活動熟悉之其他人員擔任。輔導員之主要任務為指導圈活動之進行，於圈活動之各個階段給予適當協助。

QCC 品管圈推行要領

4、組圈登記

　　相關之準備工作完成後，即可填具相關表格，向推動單位申請 登記，以使本圈納入體系中正常運作。

四、角色及職責

1、輔導員的職責

　　擔任品管圈組成催化及催生工作,對圈活動過程予以指導及建議辦理 相關訓練，培養新活動圈協助解決困難，適時向上級反應。

2、圈長的職責

> 主導活動圈之各項事務。

> 活動進度的掌制與跟催。

> 協助圈員解決問題。

> 代表活動圈與上級主管溝通協調。

3、圈員的職責

> 主動參與本圈的各項活動。

> 積極提出自己的意見及看法。

> 尊重與遵守圈會的各項決議。

> 盡力達成被分派之各項工作。

> 活動過程中遭遇問題的解決及回報。

> 維護圈活動改善結果之標準化事項。

QCC 品管圈推行要領

五、圈會的召開

1、圈會召開的原則

- 主席與記錄由圈員輪流擔任。
- 每一位圈員皆要參與
- 做好圈會前的準備，包括會議資料、白板、茶水、點心……等。
- 確認上次會議之議決事項執行情形。
- 盡量讓所有人都能發言，並尊重每一位圈員的意見。
- 記錄需詳實記下決議事項及工作分配。

2、主持圈會的要領

- 應該積極誘導較少發言圈員提出意見，營造全員參與的氣氛。
- 適時指定經驗豐富的圈員發言，以借重其專業能力。
- 利用圈員提出之問題，反問其他圈員，使問題之思考更加寬廣。
- 針對較主觀之圈員，主席可對其問題以尊重的口吻反問。
- 發問問題時不要長篇大論。
- 隨時注意討論內容不要偏離主題。

QCC 品管圈推行要領

六、圈會記錄的撰寫

1、需仔細填註本次圈會召開之主題、日期、時間、地點、主席、記錄等資料。

2、請出席人員逐一於圈會紀錄上親自簽名。

3、上次會議決議事項執行情形之追查報告，需繼續納入會議紀錄，並將尚未完成之部分另外列出，以便於下次會議時繼續追蹤，直至改善完成為止。

4、逐條記下討論事項內容、提案人、決議、執行時間、地點、方法、負責人、完成期限、完成後之驗收及確認方式……等。

5、於會議結束前，將本次會議記錄誦讀一遍，以確認圈員們的共識。

QCC 品管圈活動程序及定義

PDCA	階段	活動概要
計畫 (Plan)	主題選定	理由討論，圈員選定本期活動主題，相關理由提出
	計畫擬定	考慮活動期限，圈員工作分派，排定活動時程
	現狀把握	重點別流程比較分析，改善前柏拉圖數據蒐集統計分析（層別）
	目標設定	將現狀把握討論其可改造之改善程度，設定各合理程度理由及合理性，改善點別成員
	要因解析	依現狀找出要因，審慎驗證真因，反覆圈選出重要要因，深入分析重要要因
	對策擬定	討論研擬對策，實施計劃方案及負責人，正式提出提案，檢討排定
實施 (Do)	對策實施及檢討	對策實施分工，正式依定期實施，依需要再修正對策，實施時檢討觀察對策，隨時對策之修效
確認 (Check)	效果確認	較前後效果確認（有形無形）推移圖比較，效益分析，目標值分析比改善
處置 (Action)	標準化	研定各項相關作業基準，再發防止措施，作業水準展開，教育圈員，所有圈制化
	檢討及改進	上期活動檢討方向（甘苦談），下期組圈開始，本期改進狀況活動檢討

QCC 品管圈活動 + 七大手法應用

應用範圍

解決問題的步驟 \ QC 七大手法	特性要因圖	柏拉圖	查檢表	層別法	散步圖	直方圖	統計圖
1 主題選定	○	◎	○	◎		◎	◎
2 現況把握		◎	◎	◎	○	◎	◎
3 要因分析	◎	◎	◎	◎	◎		◎
4 對策檢討							◎
5 對策實施			◎	○			
6 效果確認		◎	◎	◎	○	◎	◎
7 標準化與管理的落實		○	◎	○			○

一、活動計畫：一般皆用甘特圖

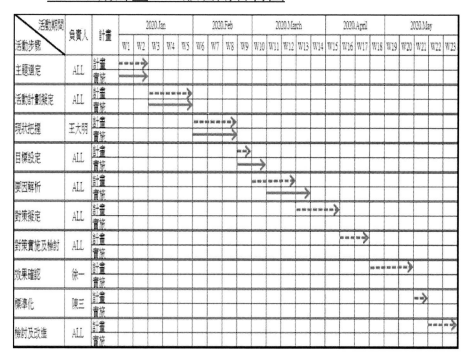

QCC 品管圈活動 + 七大手法應用

二、主題選定：(層別法/直方圖/柏拉圖案例)

矩陣圖(層別法)

No.	IQC作業改善	部門方針	重要性	成員興趣	效益性	達成可能	得分	百分累積比	順位排序
1	降低入料漏檢不良率	30	20	20	20	10	100	19%	2
2	提升入料檢驗良率	50	30	40	40	30	190	55%	1
3	提升入料檢驗效率	10	25	10	10	10	65	100%	3

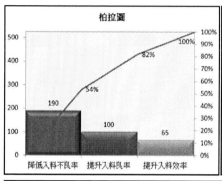

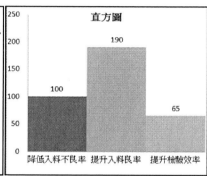

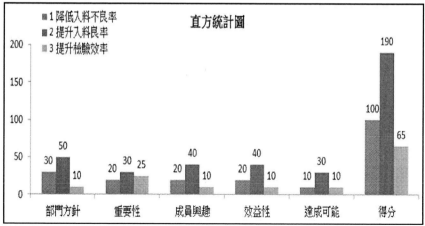

QCC 品管圈活動 + 七大手法應用

三、現狀把握：(層別法/直方圖)

2019年10~12月生產材料不良率 (層別法)						
No.	不良材料	10月	11月	12月	總不良率	廠商
1	型號標籤	5.0%	4.5%	5.3%	4.9%	A
2	螺絲	3.2%	3.50%	4.0%	3.6%	B
3	前蓋	2.6%	1.0%	1.5%	1.7%	C
4	玻璃	0.8%	0.9%	0.8%	0.8%	D
5	電源開關	1.0%	0.8%	0.4%	0.7%	E
6	按鍵	0.2%	0.4%	0.3%	0.3%	F

直方統計圖

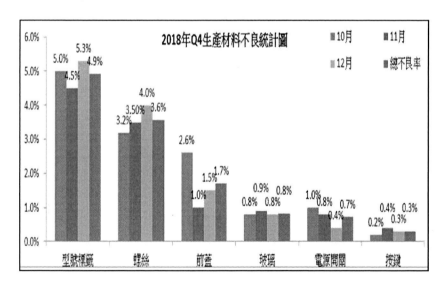

QCC 品管圈活動 + 七大手法應用

三、現狀把握：(分布圖/柏拉圖/查檢表)

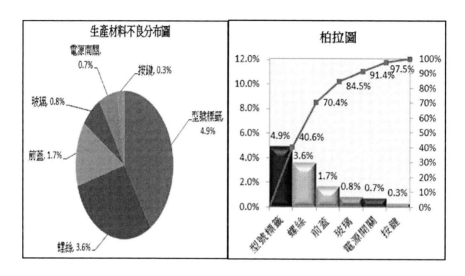

查檢表

No.	不良材料	1月1日	1月2日	1月3日	1月4日	總不良件數
1	型號標籤	1		2		3
2	螺絲	1		1		2
3	前蓋	2		1		3
4	玻璃	1			1	2
5	電源開關			1		1
6	按鍵					0

QCC 品管圈活動 + 七大手法應用

四、目標設定： 直方圖

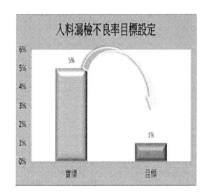

矩陣圖

項目	實績	目標
入料漏檢不良率	5%	1%

五、要因分析：關聯圖

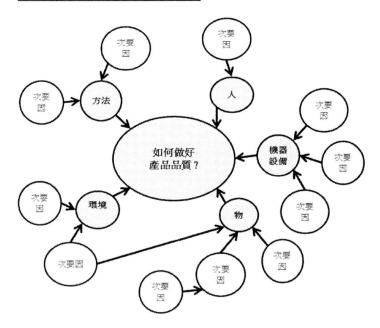

六、要因分析：右魚骨圖

• 原因型及對策型特性要因圖對照表

	原因型特性要因圖	對策型特性要因圖
魚頭方向	向右	向左
箭頭所指	問題	目的
魚身（要因）	原因	對策或手段
如何發問	Why	How

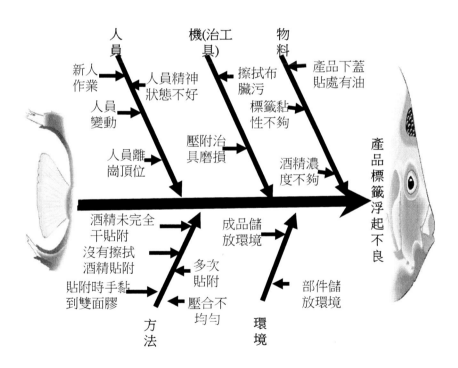

六、要因分析：左魚骨圖

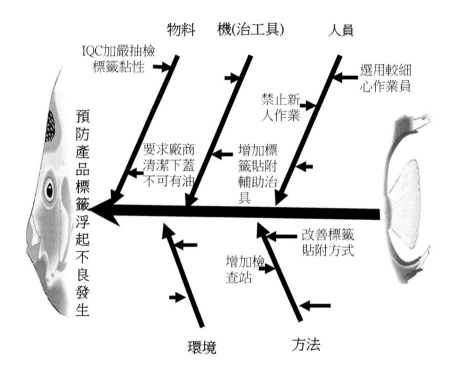

五、要因分析：族譜圖

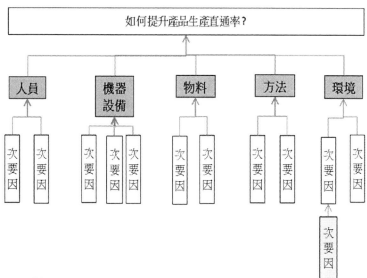

六、對策擬定：查檢表/矩陣圖

序號	主要原因	品質系統歸屬	對策	導入日期	效果確認
1	未按SOP作業/對SOP不熟悉	教育訓練	1.由班組長對作業人員的作業內容依SOP進行確認。	11月23日	後續觀察中
			2.針對螺絲鎖附數量多的工站,導入Cobot執行自動鎖附。	2020年11月導入鎖螺絲一台,12月導入一台鎖塑膠導入中.	人機協作導入中,目前螺絲不良率第1台約0.5%調整觀察中.
2	人員更換頻繁	教育訓練	1.增加Cobot導入自動作業。		
			2.增加視覺檢查,減少人員漏失。	12月調試中	後續觀察中
3	物料(螺絲)未作數量管控	SOP文件	修改鎖螺絲基本作業,增加在鎖螺絲時需進行數量確認。	11/27已修訂	後續觀察中

QCC 品管圈活動 + 七大手法應用

七、對策實施檢討：層別法/查檢表

No.	問題點	不良原因	改善對策	評價 可行性	評價 效益性	判定	提案人	導入計畫	擔當者
1	物料	產品下蓋貼處有油	請採購要求廠商出貨前必須100%清潔部品油汙	○	○	○	王曉明	~2020.05	楊華
			IQC入料檢驗進行10批加嚴抽檢	○	X	X			
		標籤黏性不夠	請RD變更黏性較強的標籤背膠	○	○	○	陳明	~2020.05	陳三
3	機(治工具)	壓附治具磨損	…………………	○	○	○	XXX	……	XXX
4	方法	酒精未完全干貼附	…………………	○	○	○	XXX	……	XXX
5		壓合不均勻	…………………	X	○	X			

八、效果確認：柏拉圖

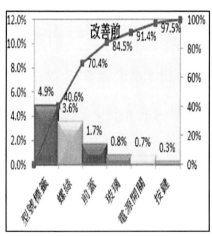

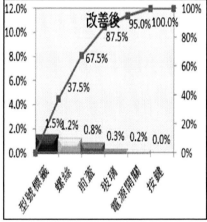

134

八、效果確認：直方圖/統計圖/雷達圖

直方圖

雷達圖

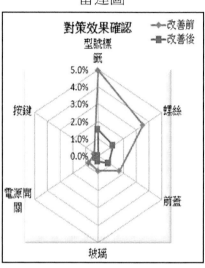

趨勢統計圖

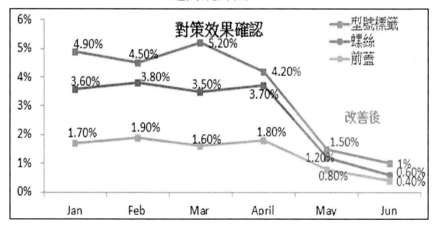

九、標準化：

所謂標準化是指將之前對策導入至ISO 系統程序中,以避免後續經過人、事、物的變遷之後,而導致其對策可能會被遺忘而無落實執行,最終讓不良再次發生並造成損失。

所以一般品管圈最終經對策效果確認有改善時,並認為可達預期目標時,會依執行的對策去修改ISO的程序辦法或作業指導書,也就是ISO的 二、三、四階文件。

為了確認對策是否皆有被落實執行,也必須將其納入品保的稽核系統的項目中執行定期稽核,如此不斷的運行發現問題點、分析問題點、解決問題點、效果確認、對策落實執行的PDCA循環下,公司產品的品質才有可能漸漸改善提升。

十、檢討及改進：會議重要程序

➢ 上期活動追蹤。（確認效果是否維持中，有差異應研究原因）
➢ 本期活動檢討。（活動甘苦談、本期優缺點、未來改進方向）
➢ 繼續下一次之主題選定。

範例：

項目	本期優點	本期缺點	殘留問題改善
主題選定	選定之主題為圈員共同之困擾，故參與意願相對較高	-------	--------
現狀把握	大家可聚在一起討論現在工作狀況，對長期出差在外的我們是難得的經驗。	部分問題點歸類較為模稜兩可，不易適當分類	蒐集數據前，應先對分類做嚴謹定義，以利後續之分析
對策擬定	圈員經要因分析後，圈選重要要因，並依據重要要因提出各種改善對策。	部分對策考慮設備汰舊換新之效益，致無法徹底有效改善	可多與廠商協調，持續尋找以廢棄設備之零件替代使用
對策實施與檢討	對策實施驗證圈員們腦力激盪的成果，相對參與興趣高	---------	----------

十、檢討及改進：圈員感言發表

範例: 收集圈員感言,作為下次QCC活動推展之改善依據

活動感言
王小明：對QCC以前略有所聞名，真正參與後才發現許多品管圈使用手法及學習了品管圈的邏輯思考，發揮在工作上有其改善的效益。
陳三：參與QCC後受益良多，有份心得可以和大家分享~或許也可以應用在於股市投資上，來改善投資效益!
林中時：參加完本次活動後，我才知道品管圈是在做甚麼及體會到它有真正的改善效益
王建：有耕耘才有收穫，不論這果實是否甜美，總是大家辛苦努力得來的。
劉大明：身為圈長的我對此次活動更是感觸良多，從一開始討論主題緩慢沒有結果，到現在完成的活動成果報告書，這就是大家絞盡腦汁努力而來的成果。

七、工廠品質管理
六大措施

1. 自檢/互檢
2. 時間/規格確認
3. 主要工程管理
4. Return不良
5. 品質反省會
6. Line Audit

目的 ▷ 以保證生產現場品質為目的，進行現場品質保證活動，達到不接收、不製造、不流出不良品。

定義 ▷ 為保證品質達客戶要求之水準，設定現場徹底的實行力及最佳的條件，在現場落實產品的生產體系。

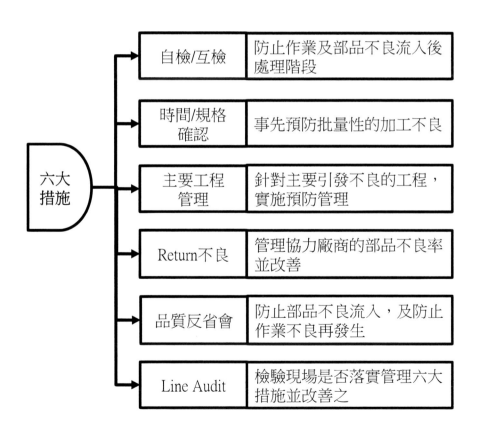

六大措施

自檢/互檢	防止作業及部品不良流入後處理階段
時間/規格確認	事先預防批量性的加工不良
主要工程管理	針對主要引發不良的工程，實施預防管理
Return不良	管理協力廠商的部品不良率並改善
品質反省會	防止部品不良流入，及防止作業不良再發生
Line Audit	檢驗現場是否落實管理六大措施並改善之

協力廠商

| Return不良改善 | 防止不良部品流入 |

生產製程

| 自檢/互檢 | 防止作業不良流入 |

| 時間/規格確認 | 防止加工不良流入 |

| 主要工程管理 | 主要工程關鍵管理 |

| Line Audit | 防止不良產品流出 |

3即3現思維

立即趕到現場
立即觀察現物
立即了解現況

品質反省會
(養成改善活動的習慣)

| 不製造不良 | 不接收不良 | 不流出不良 |

一.自檢/互檢

目的:為了保證組裝工程的品質,在各工程確認 前項工程作業內容有無異常,並確認本身之工程作業有無異常,依序作100%的檢查,以免 將不良傳送至後續工程。

➢ 互檢指的是,先行確認前項工程的作業管理要點有無異常,再進行自己 工程的作業。

➢ 自檢指的是,先行確認自己要使用的部品有無異常,再檢驗自己的作業結果狀態是否符合SOP規定。

✓ 互檢

前項工程的作業管理
重點先行確認

⬇

本身工程執行作業

✓ 自檢 ⬇

確認本身工程之作業

實施各工程100％全數檢查

設定檢查重點	✓ 設定各工程檢查 ✓ 重點製作發行自檢/互檢查卡
實施自檢/互檢	✓ 在不良物上貼附不良標籤(不良內容..等) ✓ 由發生不良之工程回饋,將不良品妥善保管 ✓ 記錄不良之修理內容
品質反省會	✓ 針對當天TOP 3 不良召開反省會檢討原因及對策

一.自檢/互檢----項目選定

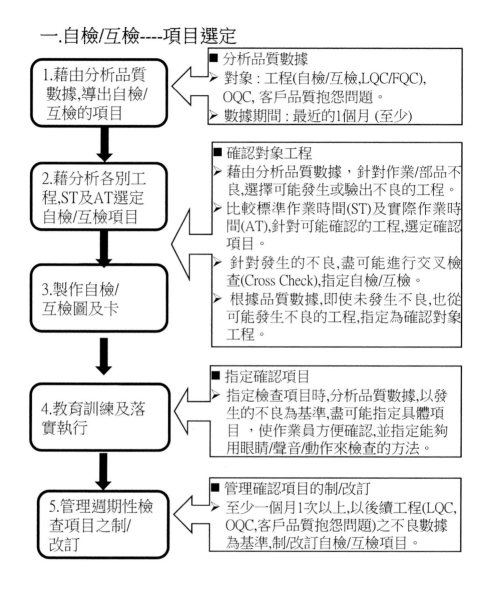

1.藉由分析品質數據,導出自檢/互檢的項目

■ 分析品質數據
> 對象: 工程(自檢/互檢,LQC/FQC), OQC, 客戶品質抱怨問題。
> 數據期間: 最近的1個月 (至少)

2.藉分析各別工程,ST及AT選定自檢/互檢項目

■ 確認對象工程
> 藉由分析品質數據,針對作業/部品不良,選擇可能發生或驗出不良的工程。
> 比較標準作業時間(ST)及實際作業時間(AT),針對可能確認的工程,選定確認項目。
> 針對發生的不良,盡可能進行交叉檢查(Cross Check),指定自檢/互檢。
> 根據品質數據,即使未發生不良,也從可能發生不良的工程,指定為確認對象工程。

3.製作自檢/互檢圖及卡

4.教育訓練及落實執行

■ 指定確認項目
> 指定檢查項目時,分析品質數據,以發生的不良為基準,盡可能指定具體項目,使作業員方便確認,並指定能夠用眼睛/聲音/動作來檢查的方法。

5.管理週期性檢查項目之制/改訂

■ 管理確認項目的制/改訂
> 至少一個月1次以上,以後續工程(LQC, OQC,客戶品質抱怨問題)之不良數據為基準,制/改訂自檢/互檢項目。

> LQC / FQC : 生產線檢驗站 / 終檢站
> OQC : 出貨檢驗

一.自檢/互檢----教育訓練

教育訓練實施步驟如下

1. 於對象工程，為新進人員做10次作業示範。

2. 詳細說明自檢/互檢卡上記載的內容。

3. 指導進行自檢/互檢項目的確認。

4. 達到一定熟練程度時，使其進行作業,由現場
   監督人員做自檢/互檢。

5. 使其進行自檢/互檢，照看演練15分鐘並確認，
   一直到作業速度令人滿意為止。

6. 定期確認對自檢/互檢項目的熟知程度。

7. 藉由潛效反應測試等等，檢驗作業員的熟悉
   程度。

一.自檢/互檢-----管理監督

不接收、不製造、也不往後續工程流出不良品。

設定確認項目	➤ 盡可能在作業熟練時間以內完成確認，只在有需要的工程，指定自檢/互檢的項目。 ➤ 作業員依據指定的基準，實施確認，並在發生不良時，貼附標籤用以區分。 ➤ 現場監督人員，針對依序確認的問題點，即時反應給前項工程，採取措施使同樣的不良不至於再次發生。 ➤ 各個作業員，針對每天檢出的不良數量，予以記錄和管理。
保證工程品質	➤ 工程的作業員，藉由自檢/互檢，知悉對應工程的品質受到保證。 ➤ 分析各作業員的不良類型，並採取措施。
改善管理	➤ 以生產線QC檢驗管理個人實績及不良改善結果，改善工程不良率。 ➤ 導出不會反映在ST上，卻仍可實施自檢/互檢的想法，並且執行之。(各產線10%以上) ➤ 針對製造作業員作業不良，藉由根本的對策，使同樣的作業不良不再發生。 ➤ 透過運用自檢/互檢項目的根本對策，減少製造工程不良率,並調整檢查項目。 ➤ 導出不會反映在ST上，卻仍可實施自檢/互檢的想法，並且執行之。(各產線30%以上)

二.時間/規格確認

■目的

➢ 時間確認(Time Check)：針對使用板金、塗裝、射出、加工等設備的工程，依時間別確認是否有4M的更動，保證Lot 的品質，發生異常時迅速處置，將Line Loss降到最小的品質確認活動。

➢ 規格確認(Spec. Check)：交換機種時，為了預防可能發生的部品誤用、遺漏、裝備設定錯誤等 ，針對下一階段要生產的機種，其供應部品、工程條件等規格，事先檢驗的活動。

Time Check 對象   Time Check 方法

機	人
標準作業	
法	料

首件 → 中件 → 末件

認確初期作業條件　確認作業中途4M變動　確認作業結果

二.時間/規格確認-----實施要領

◆ 週期確認生產品的主要品質特性，保證 Lo t 並於發生異常時，迅速處置使浪費最小化。

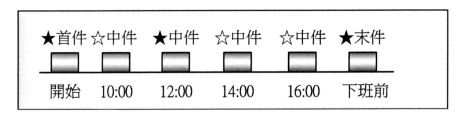

★首件 ☆中件 ★中件 ☆中件 ☆中件 ★末件

開始　10:00　12:00　14:00　16:00　下班前

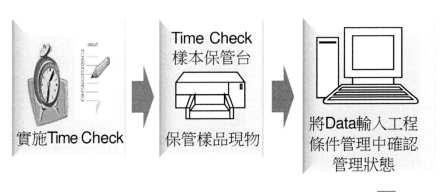

實施Time Check　→　Time Check 樣本保管台 保管樣品現物　→　將Data輸入工程條件管理中確認管理狀態

每日實施反省會　←　N.G　O.K 中斷生產

二.時間/規格確認-----執行流程

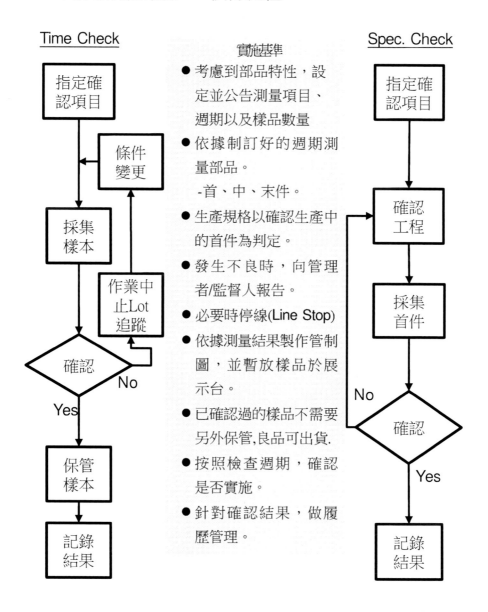

Time Check

指定確認項目
↓
條件變更
↓
採集樣本
↓
作業中止Lot追蹤
↓
確認 — No
↓ Yes
保管樣本
↓
記錄結果

實施基準
- 考慮到部品特性,設定並公告測量項目、週期以及樣品數量
- 依據制訂好的週期測量部品。
  -首、中、末件。
- 生產規格以確認生產中的首件為判定。
- 發生不良時,向管理者/監督人報告。
- 必要時停線(Line Stop)
- 依據測量結果製作管制圖,並暫放樣品於展示台。
- 已確認過的樣品不需要另外保管,良品可出貨.
- 按照檢查週期,確認是否實施。
- 針對確認結果,做履歷管理。

Spec. Check

指定確認項目
↓
確認工程
↓
採集首件
↓
確認 — No
↓ Yes
記錄結果

二.時間/規格確認-----首件、中件、末件之定義

區　分		定　義
首 件	1. 時間點	換班、休息之後，開始作業的時間
	2. 變更	為了4M變更，而修改作業條件時 ➤　原料的變更 ➤　模具、治工具的替換 ➤　作業方式變更
	3. 調整	調整生產或測試規格條件時
	4. 治工具 　交替	因為替換週期、磨損、破損等，而替換治工具的時候
	5. 交替	變更作業員的時候
	6. 維修整備	故障維修、定期維護保養之後，重新運轉時
	7. Lot變更	變更 Lot 的時候
中　　件		同樣產品在作業中的時候
末　　件		同樣產品在作業完成時，最終的物品

三.主要工程管理

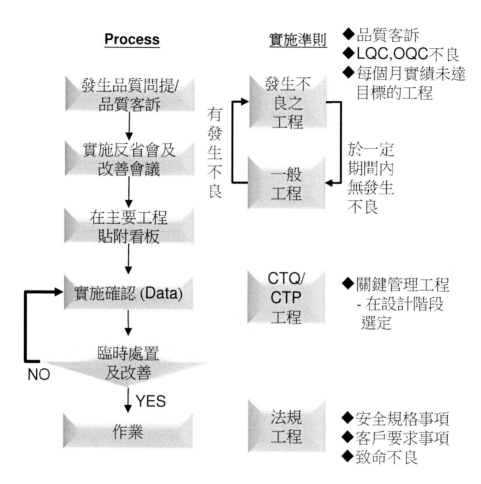

CTQ：Critical To Quality
關鍵參數:品質特性值(設計SPEC/尺寸)對品質造成影響的核心值或SPEC。
例如：從風扇的中心到扇葉末端的尺寸。

CTP：Critical To Process
關鍵制程:最佳條件(設備，工程，作業條件) 例如：模具溫度，注塑壓力，
　　　　注塑時間……等。

三.主要工程管理-----CTQ/CTP 定義

CTQ (Critical To Quality)	CTP (Critical To Process)
・品質特性 (設計圖面Spec./尺寸) ・影響品質的特性或 者Spec.	・CTQ的最佳條件 (設備、作業條件) ・為管理CTQ的 4M條件
・從Fan中心到扇葉尾 端 的尺寸	・模具溫度 ・射出壓力 ・射出Cycle Time

選定方法
➤ 透過QFD or FMEA, 於開發階段將客訴/工程不良及客戶
  需求, 選定為預備CTQ,藉由工程分析來確定CTQ。
➤ 反應量產階段的問題點, 追加/管理量產CTQ。
➤ 分析客戶公司的不良或工程不良的結果, 根深蒂固、以一
  般管理方式難以解決的工程。
➤ 在既已指定的重要工程中，若沒做特別管理及管制，就
  可能會發生品質變異的工程。
➤ 比起一般工程來說,針對4M的變動對品質有敏感影響的
  工程。

* QFD : 品質機能展開 (Quality Function Deployment)
* FMEA: 失效模式效應分析(Failure Mode and Effects Analysis)

三.主要工程管理-----CTQ/CTP管理

分類	選定基準	工程調整條件	管理部門 選定	製作 貼附	製作Data	事後管理
發生不良之工程	1.客訴不良的Top 3不良對應工程 1.LLQC檢查的不良Top3 2.自檢互檢Top3 3.客戶不滿工程中未達目標的工程	1.品質客訴減少50% 2.達成1個月目的目標值	QA(1次/月)	FQC/OQC	FQC/OQC 製造	QA/製造
		1.達成(1個月的目標值)	製造(1次/月)	製造	FQC/OQC /製造	QA/製造
CTQ/CTP 工程	1.在開發或量產階段被判斷為品質異常的因子的項目或條件	1.還原各事業部的目標值Level標準,在要求的個數中,連續達成目標值的時候,即變更	QA/RD/製造/工程	QA/製造/工程	QA/製造/工程	QA/製造
法規工程	1.安全規格 2.違反法規 3.客戶要求	1.有發主變更規格的事由時	QA	FQC	FQC	QA/製造

評價事後管理
- QA：確認不良率1次/月，達成目標不良率時，依據看板的變更規則向製造部門要求變更/移除。
- 製造：品質改善會議上，1次/周針對改善內容作發表，將
- 不良改善履歷，記錄在履歷欄中。

* FQC: 生產線最終件檢驗站
* OQC: 出貨檢驗

四. Return不良

■ 目的

　　針對從協力廠商進貨的部品,工廠於生產過程,迅速地將品質訊息(現物、Data)反應給 供 應 廠商,提供重要情報給 供 應 廠商,使他們能投入到本身工程的改善活動中。

■ 適用對象

　　所有投入到組裝工程的部品(區分為供應廠商/公司內部的加工工程),所有投入到加工工程的部品。

■ 執行流程圖

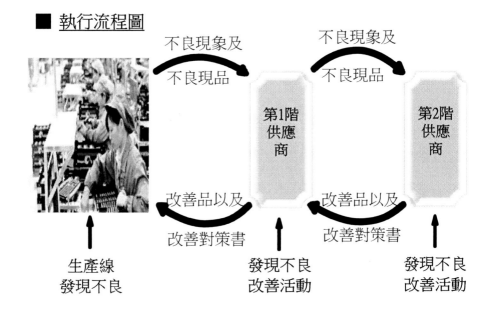

152

四. Return不良-----推動方法

■ 透過Return不良的改善，協力廠商只供應良品。

遵守Return 不良管理 基準

- ➤ 協力廠商交貨的部品發生不良時，貼附標籤並記錄管理。
- ➤ 不良品依照各協力廠商區分/保管，在約定好的時間內，將原本狀態的現物，以及不良的情報，傳達給協力廠商。
- ➤ 發生協力廠商部品不良時，按照公司基準發行品異單，管理對策書。

不良處置

- ➤ 現物和數據，在當天(24hr)以內，Return給協力廠商，並做及時處置。
- ➤ 依照品異單基準，已發行品異單報告的不良發生件，協力廠商必須在收到後3天以內，送交改善對策書。

改善管理

- ➤ 透過改善活動，確認追蹤廠商正在改善Return不良率。
- ➤ 針對部品別的不良原因，藉由根本的對策，將個別部品的Return不良率，管理在目標PPM以下。
- ➤ 同樣機種/同樣不良不會再次發生。

五. 品質反省會

■ 目的

➤ 針對品質現況及不良現況，有系統地經營品質改善會議，全體組成員共享品質信息，防止品質不良流出及作業不良復發等，將改善活動培養成習慣的核心活動。

➤ 以日、周、月為單位，持續不斷地推動品質的基本活動，如同呼吸一樣自然。

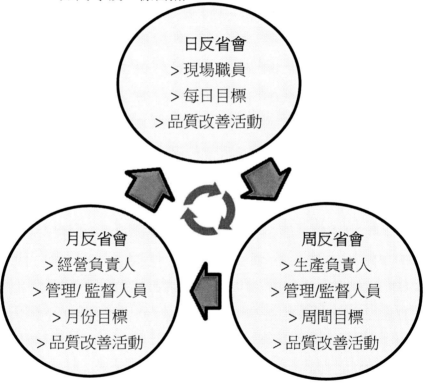

※ 為了追求最佳品質，打造一個以品質革新改善為目標，從高層到現場職員的有體系活動組織，是極為重要的。

五. 品質反省會-----實施要領

每日反省會	周間改善會議	月份評價會

	每日反省會	周間改善會議	月份評價會
方法	三現主義：在現場，以現物，共享現象(內容)發生的工程及原因。	1周發生的Return不良、工程不良之改善對策會議- 不良的根因改善。	是否達成月份品質目標，及 次月推動方法之會議 -反省品質不足之處。
參加	改善事項及Check Point監督人員及全體作業員。(品保/製造/工程)	監督人員及管理者(品保/製造/工程)	組織負責人及監督人員。(品保/製造/工程/RD/業務)
週期	每天早上、中午開工前10分鐘各一次。	每周實施1次	每月實施1次

五. 品質反省會-----執行要領

流程	執行規則	注意事項

集會
- 早、午開工前前5 － 10分鐘將全班人員召集到不良品展示台前。
- 記錄自檢/互檢、IQC, LQC, OQC,客訴不良內容,傳達並共享。

說明品質現況
- 班長或組長,以不良實物來說明不良的發生內容。
- 一般宣導注意事項。
- 原因對策的建立,務必傳達並共享給作業員。
- 未建立根本對策時,即使只是臨時對策,也要建立。

發表不良原因、問題點
- 各工程作業員針對不良的發生,發表不良原因 以及問題點。(作業員)

按原因別建立作業改善案
- 為了改善各工程的問題點,交換經驗及意見。
- 針對其他部門的支援要求案,交換意見研究臨時對策。

以說明事實的立場來說,如果真的帶一隻穿山甲來說明的話, 所有人才會"哇"地感受到。所以反省會也是,直接用不良品來傳達的話,所有人才會跟著反省。

製作反省會日誌(會議記錄)
- 製作品質反省會日誌。(會議記錄)
- 針對相關部門要求支援事項,記錄人名及任務分配的內容。

追蹤管理
- 防止復發的活動。
- 改善內容的維持管理。

5. 品質反省會

■ 應用及改善範例

1.品質公告欄前面,利用現物,實施 品質反省會。

2.品質反省會,於早上、中午開工前5~10分鐘會議實施。

3.品質反省會日誌上,需記錄管理 品質問題。

4.全員參與,並依據現物,共享信息。

六. Line Audit

■ 目的

> 由現場監督人員管理製造現場，以現場管理所需的條件確認製造現場有多麼徹底管理的方法，就是在製造現場檢驗，是否落實現場品質管理六大措施，並進行改善的活動。

■ 活動範疇

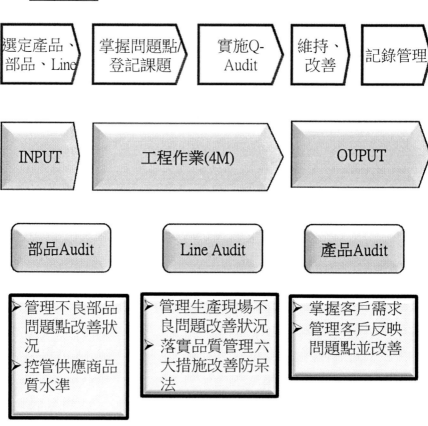

選定產品、部品、Line → 掌握問題點/登記課題 → 實施Q-Audit → 維持、改善 → 記錄管理

INPUT → 工程作業(4M) → OUPUT

部品Audit	Line Audit	產品Audit
➤ 管理不良部品問題點改善狀況 ➤ 控管供應商品質水準	➤ 管理生產現場不良問題改善狀況 ➤ 落實品質管理六大措施改善防呆法	➤ 掌握客戶需求 ➤ 管理客戶反映問題點並改善

六. Line Audit-----執行程序

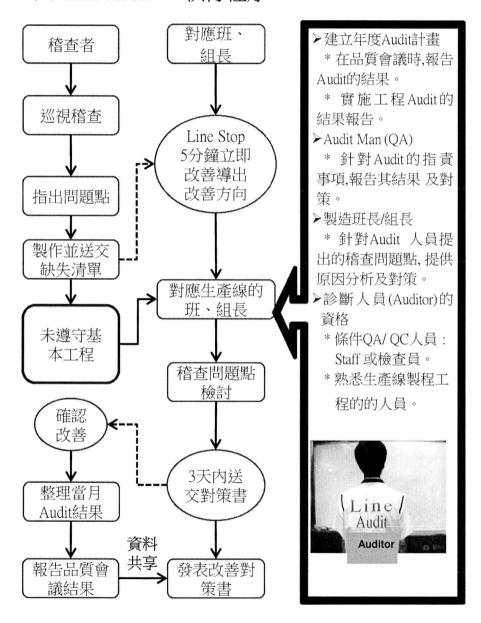

稽查者 → **巡視稽查** → **指出問題點** → **製作並送交缺失清單** → **未遵守基本工程**

對應班、組長 → **Line Stop 5分鐘立即改善導出改善方向** → **對應生產線的班、組長** → **稽查問題點檢討** → **3天內送交對策書**

確認改善 ← ...

整理當月Audit結果 → **報告品質會議結果** → 資料共享 → **發表改善對策書**

- 建立年度Audit計畫
  * 在品質會議時,報告Audit的結果。
  * 實施工程Audit的結果報告。
- Audit Man (QA)
  * 針對Audit的指責事項,報告其結果 及對策。
- 製造班長/組長
  * 針對Audit 人員提出的稽查問題點, 提供原因分析及對策。
- 診斷人員(Auditor)的資格
  * 條件QA/ QC人員: Staff 或檢查員。
  * 熟悉生產線製程工程的的人員。

Line Audit
Auditor

六. Line Audit

■ 活動週期

區分	Audit 內容	備註
巡檢	以產品作業標準落實度&5S為中心來稽查	1次/2~4小時
Line Audit	1)遵照管理六大措施及品質基本管理的評價表，實施稽查	實施1次/每周，於3天前公告日程
評價	2)依據稽查容許時間選定數個工程之後，實施稽查	

■ 追蹤管理

缺失事項改善處置規則 追蹤管理

➤每日巡檢的時候，會浮出缺失事項及問題點,並發送Mail。

➤對應工程的班組長，改善後送交對策書，要求相關部門做對策書管理。

➤報告Audit的結果,累計每個月的指責件數,稽核評價結果分數化。

➤報告生產線稽核缺失事項的對策。

➤管理每個月分數的累積變動。

八、田口直交表初級應用

田口品質工程發展史

➢ 1947年，日本為了解決通信
品質低落的問題，成立電器
通信實驗室
(Electronic Communication
Laboratory)，初期規模與預算
不如美國貝爾實驗室。在資源不足、缺少高品質機台
下，只有靠著調整機台參數 設定來提升交換機生產的品
質。

➢ 在1949年，田口玄一（Genichi Taguchi）博士於日本電
信實驗室工作時，發現傳統實驗設計方法在實務上並
不適用，逐漸發展了「品質工程」的基本原理。利用
此方法，生產了高品質的交換機。

➢ 田口所發展的是一透過實驗進行系統參數最佳化設計
的方法，重視實際的應用性，而非以困難的統計為依
歸，田口方法是用來改善品質的工程方法，在日本稱
之為品質工程（quality engineering）。

目的

利用適當的直交表,大幅減少試驗資源得到試驗的最佳參數組合(黃金比例)改善現狀, 如以下的各個製程皆可利用田口直交表來找出最佳生產參數或黃金比例,以改善品質提升產品價值,使客戶滿意。

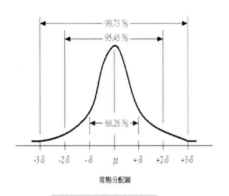

制定生產製程
最佳參數

制定飲食料理
製程最佳參數

制定養殖業製
程最佳參數

制定農業製程
最佳參數

制訂飲料配方
比例最佳參數

製程概念圖

➤ 一般製程中可能會三種因子輸入,因而反映出製程結果之品質特性,故因子與製程品質是有直接影響關係。
（如下圖示）

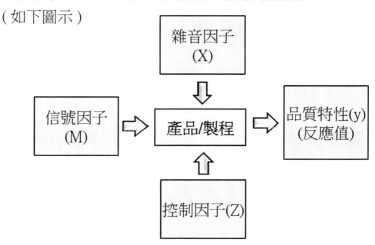

參數

所謂 "參數" 為影響產品品質特性的因子，一般可分為

信號因子

➤由設計/工程師依據所開發產品的工程知識來決定。當目標值改變時，可調整信號因子來使得反應值與目標值一致。

　　例如：1.電風扇轉速設定是一信號因子，藉由轉速的設定可改變風量的大小。

　　　　　2.射出成型時，藉由壓力的增加，可使產品的尺寸更接近模具尺寸。

　　　　　3.汽車方向盤的轉向角度，可以指示汽車的迴轉半徑。

※ 通常信號因子與回應值間具有輸入與輸出的關係，譬如
　　汽車駕駛時踩油門的大小會影響汽車速度的快慢。

參數

可控因子(Z)

➢ 係其水準可由設計/製程人員掌握且決定的。事實上，設計/製程人員 必須決定可控因子的水準，使製程產出的損失減至最小。

　一般認為可控因子水準改變時，並不會造成製造成本增加。

　例如：在一塑膠產品射出成型積過程中，品質特性為尺寸及外觀表面缺陷數，而影響此一品質特性的控制因子有溫度、射出壓力、速度和時間等。

　設計/製程人員可指定需要的「設定值」，譬如溫度為200℃或250℃。

※通常認為控制因子水準改變時，並不會造成製造成本增加。

雜音因子(X)

➢ 設計人員所不能控制或是很難控制或是需花費昂貴費用才能控制的參數, 此因子會隨產品, 環境, 時間的變化而變化而使品質特性偏離目標值並造成產品的損失。

　例如：路面的乾溼會影響汽車的煞車距離，但是，路面的乾溼是無法控制的,所以路面的乾溼是雜音因子。

※通常僅掌握雜音因子的一些特性，如平均值和變異數。雜音因子會影響回應值偏離目標值而帶來損失。

※凡是參數的水準不容易控制或必須花費高成本來控制的參數, 皆可視為雜音因子。

雜音因子

■ 產品間的變異

  ➢ 製程變化所造成產品間的變異,如設備、人力穩定……等。

■ 外部雜音

  ➢ 外在環境或是操作條件改變了產品的特性,如溫度、溼度、灰塵、電磁干擾。

■ 內部雜音

  ➢ 劣化→隨使用時間而產生物料的變質或是尺寸的改變。

  ➢ 製造不良→製程上一些不確定因素所造成之變異。

例:

　　汽車煞車距離

  ➢ 產品間的變異 - 剎車板、剎車鼓。

  ➢ 外部雜音- 路面乾或濕、車內人數。

  ➢ 內部雜音- 劣化(煞車片)、製造不良(煞車油量)。

　　日光燈亮度

  ➢ 產品間變異 - 相同品牌,來自於相同公司,亮度亦會不同。

  ➢ 外部雜音- 輸入電壓不穩度。

  ➢ 內部雜音- 變壓器,燈管產生劣化。

試驗設計法種類

以實驗的方式來決定設計參數有很多種可能方法：

➤ 試誤法

➤ 一次一因子實驗法

➤ 全因子實驗法

➤ 田口式直交表實驗法

➤ Etc.

◆ 試誤法（Trial-and-Error）

➤無需任何資料分析或使用直交表。

➤不是有系統性的方法。

➤太過依賴個人的經驗。

➤大部份的時候沒有效率。

➤所累積的經驗是沒有系統的，很難傳承給其他人。

◆ 一次一因子實驗法（One-Factor-at-a-Time）

➤ 假設2種水準及7個因子。

➤ 最佳的製程參數組合 A1 B1 C2 D1 E1 F1 G1(假設y越小越好)

➤ 因子效應是相對於特定的參照實驗條件下的計算值。

➤ 換句話說，因子效應是在某種「偏見」（bias）下評估出來的。

一次一因子實驗例子的數據及因子效應

Exp.	A	B	C	D	E	F	G	y
1	1	1	1	1	1	1	1	1.2
2	2	1	1	1	1	1	1	1.5
3	1	2	1	1	1	1	1	1.7
4	1	1	2	1	1	1	1	0.3
5	1	1	1	2	1	1	1	1.9
6	1	1	1	1	2	1	1	1.6
7	1	1	1	1	1	2	1	0.6
8	1	1	1	1	1	1	2	1.3
Effect	0.3	0.5	-0.9	0.7	0.4	-0.6	0.1	

167

試驗設計法種類

◆ 全因子實驗法（Full-Factorial Experiments）

➢ 假設2種水準及4個因子, 2的4次方等於16次,如下圖。

➢ 全因子實驗法是考慮所有可能的因子變動組合。

➢ 全因子實驗陣列必然是一個直交表。

➢ 全因子直交表實驗可以將「偏見」完全排除。

➢ 但是試驗次數多,如有2種水準及7個因子搭配起來,必須進行128次試驗,試驗成本高。

Exp.	A	B	C	D
1	1	1	1	1
2	1	1	1	2
3	1	1	2	1
4	1	1	2	2
5	1	2	1	1
6	1	2	1	2
7	1	2	2	1
8	1	2	2	2
9	2	1	1	1
10	2	1	1	2
11	2	1	2	1
12	2	1	2	2
13	2	2	1	1
14	2	2	1	2
15	2	2	2	1
16	2	2	2	2

田口直交表定義

◆ 直交表的種類繁多，茲先將代表直交表的符號定義
  說明如下：

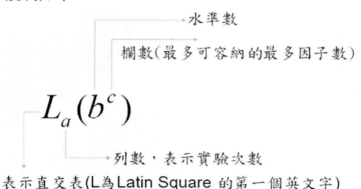

水準數

欄數(最多可容納的最多因子數)

$$L_a(b^c)$$

列數，表示實驗次數

表示直交表(L為Latin Square 的第一個英文字)

➤田口一共列了18種直交表，一般稱作標準直交表。

例: 有一3種因子的產品,每個因子都有兩種水準,依照一般
   傳統試驗規劃: (2^3) = 8 次試驗 。
   但是如果是使用
   $L_4(2^3)$田口直交表的話,只要進行4次試驗即可,
   如下圖所示。

Exp.	1	2	3
1	1	1	1
2	1	2	2
3	2	1	2
4	2	2	1

田口品質特性

- 當品質特性值越小，品質越佳，此為<u>望小特性</u>。
- 當品質特性值越大，品質越佳，此為<u>望大特性</u>。
- 當品質特性值有理想的目標值，越接近目標值則品質越佳，此為<u>望目特性</u>。

※ **對稱望目特性值**,只要不符合目標值,損失結果皆一樣。

例. 45±0.05 V(A/mm/°C/Ω⋯)

※ **非對稱望目特性值**,不符合上下限特性值時,各會產生不同的損失結果。

例. 孔徑研磨時,當小於規格值時可再重工研磨符合規格值即可,只有損失重工費,但是當研磨尺寸大於規格值時則需報廢,損失較大的報廢費用。

田口方法執行步驟

➤ 一般最終所得到的最佳參數組合,皆不屬於直交表中所列的任一組合.

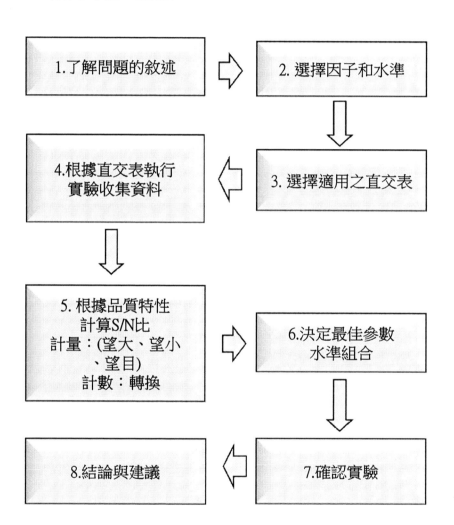

直交表應用範例一

步驟一

➤ 問題：某地磚公司面臨生產地磚尺寸變異很大。

➤ 原因: 溫度不均勻。

➤ 傳統做法建造一做溫度均勻的新爐,必須花費100萬日圓。

➤ **穩健設計：找出一些可以改變而又不昂貴的製程參數試圖**
  找出新製程配方,以降低不良率。

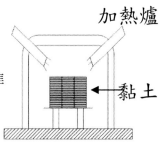

加熱爐

黏土

步驟二

可能有7個因子,每個因子有2種水準

A：石灰石含量---- A1: 2%，　　　A2: 5%

B：某原料粗細度--B1: 粗，　　　B2: 細

C：臘石量----------- C1: 45%，　　C2: 55%

D：臘石種類-------D1: 現行組合,　D2: 新案組合

E：原材料加料量--E1: 1000kg，　E2: 1300kg

F：浪費料回收量--F1: 5%，　　　F2: 0%

G：長石量-----------G1: 7%，　　　G2: 0%

※ 有7個因子一般試驗組合: 如果進行全因子試驗的話,

  $2^7 = 128$　次試驗

  以田口直交表 L8(2^7) = 只要8 種組合,也就是8次試驗。

直交表應用範例一

步驟三

1.依據步驟二中有7個因子及2種水準,故選擇L8(2^7)行直交表套用。

2.依套用結果呈現出8種組合型試驗。

$L_8(2^7)$ A	B	C	D	E	F	G	A 石灰石量	B 粗細度	C 蠟石量	D 蠟石種類	E 加料量	F 浪費回收	G 長石量
1	2	3	4	5	6	7	1	2	3	4	5	6	7
1 1 1 1 1 1 1							2%	粗	45%	現行	1000kg	5%	7%
1 1 1 2 2 2 2							2%	粗	45%	新案	1300kg	0%	0%
1 2 2 1 1 2 2							2%	細	55%	現行	1000kg	0%	0%
1 2 2 2 2 1 1							2%	細	55%	新案	1300kg	5%	7%
2 1 2 1 2 1 2							5%	粗	55%	現行	1300kg	5%	0%
2 1 2 2 1 2 1							5%	粗	55%	新案	1000kg	0%	7%
2 2 1 1 2 2 1							5%	細	45%	現行	1300kg	0%	7%
2 2 1 2 1 1 2							5%	細	45%	新案	1000kg	5%	0%

步驟四

1.依據步驟三的套用8種組合直交表進行試驗,假設得出試驗結果如下:

$L_8(2^7)$ A B C D E F G	A 石灰石量	B 粗細度	C 蠟石量	D 蠟石種類	E 加料量	F 浪費回收	G 長石量	每100件缺陷數
1 2 3 4 5 6 7	1	2	3	4	5	6	7	
1 1 1 1 1 1 1	2%	粗	45%	現行	1000kg	5%	7%	16
1 1 1 2 2 2 2	2%	粗	45%	新案	1300kg	0%	0%	17
1 2 2 1 1 2 2	2%	細	55%	現行	1000kg	0%	0%	12
1 2 2 2 2 1 1	2%	細	55%	新案	1300kg	5%	7%	6
2 1 2 1 2 1 2	5%	粗	55%	現行	1300kg	5%	0%	6
2 1 2 2 1 2 1	5%	粗	55%	新案	1000kg	0%	7%	68
2 2 1 1 2 2 1	5%	細	45%	現行	1300kg	0%	7%	42
2 2 1 2 1 1 2	5%	細	45%	新案	1000kg	5%	0%	26

直交表應用範例一

步驟五

1.依據步驟三的套用8種組合直交表進行試驗,得出試驗結果
(回應值).

2.求出A1,A2,B1,B2…各水準的回應平均值.

	$L_8(2^7)$							A	B	C	D	E	F	G	
	A	B	C	D	E	F	G	石灰石量	粗細度	蠟石量	蠟石種類	加料量	浪費回收	長石量	每100件缺陷數
	1	2	3	4	5	6	7	1	2	3	4	5	6	7	
1	1	1	1	1	1	1	1	2%	粗	45%	現行	1000kg	5%	7%	16
2	1	1	1	2	2	2	2	2%	粗	45%	新案	1300kg	0%	0%	17
3	1	2	2	1	1	2	2	2%	細	55%	現行	1000kg	0%	0%	12
4	1	2	2	2	2	1	1	2%	細	55%	新案	1300kg	5%	7%	6
5	2	1	2	1	2	1	2	5%	粗	55%	現行	1300kg	5%	0%	6
6	2	1	2	2	1	2	1	5%	粗	55%	新案	1000kg	0%	7%	68
7	2	2	1	1	2	2	1	5%	細	45%	現行	1300kg	0%	7%	42
8	2	2	1	2	1	1	2	5%	細	45%	新案	1000kg	5%	0%	26

※因子回應平均值計算

A1= (16+17+12+6)/4=**12.75**　　　A2= (6+68+42+26)/4=**35.5**

B1= (16+17+6+68)/4=**26.75**　　　B2= (12+6+42+26)/4=**21.5**

C1= (16+17+42+26)/4=**25.25**　　　C2= (12+6+6+68)/4=**23**

D1= (16+12+6+42)/4=**19**　　　D2= (17+6+68+26)/4=**29.25**

G1= (16+6+68+42)/4=**33**　　　G2= (17+12+6+26)/4=**15.25**

E1= (16+12+68+26)/4=**30.5**　　　E2= (17+6+2+42)/4=**16.75**

F1= (16+6+6+26)/4=**13.5**　　　F2= (17+12+68+42)/4=**34.75**

直交表應用範例一

步驟六

1.建立回應表及回應圖選出最佳組合.(選出各組最小值,
理由參下頁)

A1B2C2D1E2F1G2 → A1B2C1D1E2F1G2 (由C2變成C1之
說明如下)

	A	B	C	D	E	F	G
水準1	12.75	26.75	25.25	19	30.5	13.5	33
水準2	35.5	21.5	23	29.25	16.75	34.75	15.25
差異	22.75	5.25	2.25	10.25	13.75	21.25	17.75

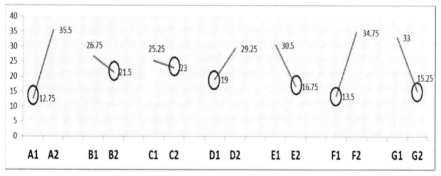

說明:

1.因為C1 & C2 的差異小,代表因素改變效果不大,選C1或C2
對試驗結果影響不大。

2.因為C參數是代表臘石的量,又因為臘石是材料中最貴的
材料,所以在不影響最佳參數的選擇又能節省成本之下,故再將最
佳參數中的C2變成C1。

C：臘石量(C1: 45%，C2: 55%)

試驗輸出結果評估方式及最佳參數選擇方式

以下兩種方式皆可使用,後續例題作者會以兩種計算方式舉例說明

1. SN比評估方式

各種品質特性的SN比計算式如下

望目特性　$\eta_{NTB} = 10 \log_{10} \left(\dfrac{\bar{y}^2}{S^2} \right)$

望大特性　$\eta_{LTB} = -10 \log_{10} \left(\dfrac{1}{n} \sum_{i=1}^{n} \dfrac{1}{y_i^2} \right)$

望小特性　$\eta_{STB} = -10 \log_{10} \left(\dfrac{1}{n} \sum_{i=1}^{n} y_i^2 \right)$

※三種品質特性,若SN比越大表示變異越小,故以SN計算方式者,選擇各因子計算出的SN值為最佳參數。

2. 平均回應值評估方式

以平均值算法者, 擇選最佳參數方式如下:

望小特性 ----------------選擇各因子水準之最小平均回應值

望大特性-----------------選擇各因子水準之最大平均回應值

望目特性-----------------選擇各因子水準之最接近目標值之平均
　　　　　　　　　　　回應值

直交表應用範例二

探討煮茶葉蛋的參數，影響茶葉蛋口感的因子有鹽量、茶葉、滷蛋時間，每個因子各設兩個水準，1~10分來評估茶葉蛋口感，分數越高口感越好（望大品質特性），每個因子水準組合各評分三次。

望大特性 $\eta_{LTB}= -10 \log_{10} (\frac{1}{n} \sum_{i=1}^{n} \frac{1}{y_i^2})$

因子	因子符號	水準1	水準2
塩量	A	1大匙	3大匙
滷時間	B	1小時	1.5小時
茶葉種類	C	甲茶葉	乙茶葉

解答1：SN比計算方式

因為有3個因子及2種水準故選擇此直交表 $L_4 (2^3)$，
列表如下

	A	B	C	分數			SN比 (η) 望大特性 $\eta_{LTB}=-10\cdot\log_{10}(\frac{1}{n}\sum_{i=1}^{n}\frac{1}{y_i^2})$
No.	1	2	3	y1	y1	y3	
1	1	1	1	6	8	7	$-10 * \log[(1/6^2 + 1/8^2 + 1/7^2)/3] = 16.72$
2	1	2	2	7	8	9	$-10 * \log[(1/7^2 + 1/8^2 + 1/9^2)/3] = 17.92$
3	2	1	2	3	4	5	$-10 * \log[(1/3^2 + 1/4^2 + 1/5^2)/3] = 11.47$
4	2	2	1	9	10	9	$-10 * \log[(1/9^2 + 1/10^2 + 1/9^2)/3] = 19.37$

直交表應用範例二

各因子SN比計算

回應表建立,選擇大的 SN值

A1= (16.72+17.92)/2= 17.32
A2= (11.47+19.37)/2= 15.42
B1= (16.72+11.47)/2= 14.1
B2= (17.92+19.37)/2= 18.65
C1= (16.72+19.37)/2= 18.1
C2= (17.92+11.47)/2= 14.7

	A	B	C
Level 1	17.32	14.1	18.1
Level 2	15.42	18.65	14.7
差異	1.9	4.55	3.4
排序	3	1	2

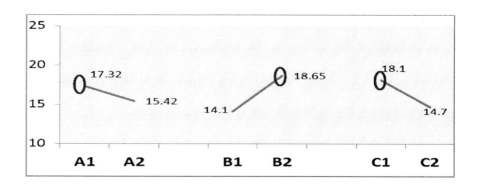

最佳因子組合為 A1(塩1大匙) B2(滷1.5小時) C1(甲茶葉)

B因子差異最大,也代表滷的時間是影響茶葉蛋口感的重要關鍵。

A因子的差異最小,也代表塩量多寡不太影響口感。

直交表應用範例二

解答2：平均回應值計算方式

平均回應值 = (y1+ y2 + y3) / 3

No.	A	B	C	分數			平均值
	1	2	3	y1	y1	y3	
1	1	1	1	6	8	7	7
2	1	2	2	7	8	9	8
3	2	1	2	3	4	5	4
4	2	2	1	9	10	9	9.3

個因子回應值計算   回應表建立,平均值選望大值

A1= (7+8)/2= 7.5
A2= (4+9.3)/2= 6.65
B1= (7+4)/2= 5.5
B2= (8+9.3)/2= 8.65
C1= (7+9.3)/2= 8.15
C2= (8+4)/2= 6

	A	B	C
Level 1	7.5	5.5	8.15
Level 2	6.65	8.65	6
差異	0.85	3.15	2.15
排序	3	1	2

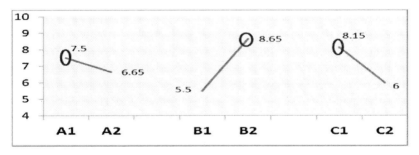

最佳因子組合為 A1(塩1大匙) B2(滷1.5小時) C1(甲茶葉)
B因子差異最大,也代表滷的時間是影響茶葉蛋口感的重要關鍵。
A因子的差異最小,也代表塩量多寡不太影響口感。

179

直交表應用範例三

某一案例有3水準因子4個，品質特性為望小特性，實驗規劃
與結果如下:

望小特性 $\eta_{STB} = -10 \log_{10} (\frac{1}{n} \sum_{i=1}^{n} y_i^{\ 2})$

L₉(3⁴) 直交表

	A	B	C	D	y1	y2	y3	y4	y5	SN	Ave
1	1	1	1	1	70	73	55	65	69	-36.4816	66.4
2	1	2	2	2	79	75	67	70	72	-37.2328	72.6
3	1	3	3	3	75	70	65	72	69	-36.9364	70.2
4	2	1	2	3	83	90	75	88	91	-38.6497	85.4
5	2	2	3	1	94	93	104	101	98	-39.8323	98.0
6	2	3	1	2	99	105	115	109	111	-40.6635	107.8
7	3	1	3	2	124	110	123	115	118	-41.4460	118.0
8	3	2	1	3	117	101	113	106	115	-40.8721	110.4
9	3	3	2	1	114	111	110	105		-40.8316	110.0

解答1 :SN 比計算方式

$$SN = -10\log(\Sigma Y^2/n) = -10\log[(70^2 + 73^2 + 55^2 + 65^2 + 69^2)/5] = -36.4816$$

將y1~y5的的試驗輸出結果,套入上式公式計算出9種排列組
合試驗的各SN值,
雖然SN值已經有了,請務必自己再驗算一次。

直交表應用範例三

各因子SN比計算

A1= -(36.4816 + 37.2328 + 36.9364)/3 = -36.8836
A2= -(38.6497 + 39.8323 + 40.6635)/3 = -39.7152
A3= -(41.4460 + 40.8721 + 40.8316)/3 = -41.0499
B1= -(36.4816 + 38.6497 + 41.4460)/3 = -38.8591
B2= -(37.2328 + 39.8323 + 40.8721)/3 = -39.3124
B3= -(36.9364 + 40.6635 + 40.8316)/3 = -39.4772
C1= -(36.4816 + 40.6635 + 40.8721)/3 = -39.3391
C2= -(37.2328 + 38.6497 + 40.8316)/3 = -38.9047
C3= -(36.9364 + 39.8323 + 41.4460)/3 = -39.4049
D1= -(36.4816 + 39.8323 + 40.8316)/3 = -39.0485
D2= -(37.2328 + 40.6635 + 41.4460)/3 = -39.7807
D3= -(36.9364 + 38.6497 + 40.8721)/3 = -38.8194

建立回應表,選擇最大的SN值

項目	A	B	C	D
水準1	-36.8836	-38.8591	-39.3391	-39.0485
水準2	-39.7152	-39.3124	-38.9047	-39.7807
水準3	-41.0499	-39.4772	-39.4049	-38.8194
差異	4.1633	0.6181	0.5	0.9613
排序	1	3	4	2

➢ 在4個各別因子中選出最大SN比的水準,既為最佳的因子水準為A1B1C2D3

直交表應用範例三

解答2:平均回應值計算方式

平均回應值= (y1+y2+y3+y4+y5) / 5

	A	B	C	D	y1	y2	y3	y4	y5	平均值
1	1	1	1	1	70	73	55	65	69	66.4
2	1	2	2	2	79	75	67	70	72	72.6
3	1	3	3	3	75	70	65	72	69	70.2
4	2	1	2	3	83	90	75	88	91	85.4
5	2	2	3	1	94	93	104	101	98	98.0
6	2	3	1	2	99	105	115	109	111	107.8
7	3	1	3	2	124	110	123	115	118	118.0
8	3	2	1	3	117	101	113	106	115	110.4
9	3	3	2	1	114	111	110	105		110.0

各因子平均回應值計算

A1= (66.4+72.6+70.2)/3 = **69.7**   C1= (66.4+107.8+110.4)/3 = **94.9**

A2= (85.4+98+107.8)/3 = **97.1**   C2= (72.6+85.4+110)/3 = **89.3**

A3= (118+110.4+110)/3 = **112.8**   C3= (70.2+98+118)/3 = **95.4**

B1= (66.4+85.4+118)/3 = **89.9**   D1= (66.4+98+110)/3 = **91.5**

B2= (72.6+98+110)/3 = **93.7**   D2= (72.6+107.8+118)/3 = **99.5**

B3= (70.2+107.8+110)/3 = **96**   D3= (70.2+85.4+110.4)/3 = **88.7**

直交表應用範例三

建立回應表

※ 望小特性,故選擇回應值最小值為最佳參數如下表

項目	A	B	C	D
水準1	69.7	89.9	94.9	91.5
水準2	97.1	93.7	89.3	99.5
水準3	112.8	96	95.4	88.7
差異	43.1	6.1	6.1	10.8
排序	1	3	3	2

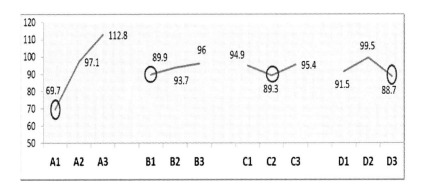

> 在4個各別因子中選出最小平均值的水準,既為最佳的因子水準為A1B1C2D3

直交表應用範例四

某一產品的規格為151±15inch（**望目品質特性**），影響規格的因子有A、B、C、D、E五個因子，每個因子各設兩個水準，選用一L8直交表進行實驗配置，依各因子的水準組合各收集四筆實驗數據，決定其最佳參數。

望目特性 　　$\eta_{NTB} = 10 \cdot \log_{10}(\dfrac{\bar{y}^2}{S^2})$

No.	C	E		B	A		D	y1	y2	y3	y4	平均值	S^2	SN(η)
1	1	1	1	1	1	1	1	138	143	162	159	150.5	139.0	22.121
2	1	1	1	2	2	2	2	153	141	138	138	142.5	5.0	26.001
3	1				2	2	2	172	161	171	168	168	2.7	30.585
4						1	1	151	153	157	150	152.75	9.6	33.364
5						1	2	165	158	152	157	158	2.7	29.899
6	2	2	2	2		2		163	156	169	161	162.25	2.9	29.592
7	2	2	1	1	2		1	154	155	151	144	151	2.7	29.658
8	2	2	1	2	1	1	1	136	140	137	135	137	4.7	36.044

> 因子的擺放順序請參考下頁說明

解答1：SN 比計算方式

先依 y1~y4 試驗輸出結果,代入下式,計算S^2

$$S^2 = \frac{(y1 - \text{平均值})^2 + \cdots + (y4 - \text{平均值})^2}{4 - 1}$$

$$= \frac{(138-150.5)^2 + \cdots + (159-150.5)^2}{4-1} = \boxed{139}$$

$$\eta_{NTB} = 10 * \log_{10}(\frac{150.5^2}{139}) = \boxed{22.121}$$

田口直交表類別

➢ 如前頁之例,當你只有5個因子,而又要套用L8直交表時,因子的擺放欄位的順序必須依照下表配置規定, 所以L8 只有5個因子來說,配置欄位順序1→2→4→7 (其他欄位順序不拘)

純二水準直交表實驗的因子配置及其解析度

OA	Number of Factors	Columns used (Numbers in parentheses may be in any order)	Resolution
L₄	1-2	1, 2	V
	3	1, 2, 3	III
L₈	1-3	1, 2, 4	V
	4	1, 2, 4, 7	IV
	5-7	1, 2, 4, 7, (3, 5, 6)	III
L₁₆	1-4	1, 2, 4, 8	V
	5	1, 2, 4, 8, 15	V
	6-8	1, 2, 4, 7, 8, (11, 13, 14)	IV
	9-15	1, 2, 4, 7, 8, 11, 13, 14, (3, 5, 6, 9, 10, 12, 15)	III
L₃₂	1-5	1, 2, 4, 8, 16	V
	6	1, 2, 4, 8, 16, 31	V
	7-16	1, 2, 4, 8, 16, 31, (7, 11, 13, 14, 19, 21, 22, 25, 26, 28)	IV
	17-31	1, 2, 4, 7, 8, 11, 13, 14, 16, 19, 21, 22, 25, 26, 28, 31, (3, 5, 6, 9, 10, 12, 15, 17, 18, 20, 23, 24, 27, 29, 30)	III

※括符中的數字可設置於任意順序

建立SN比回應表,選擇SN比最大值為最佳參數,如右下表

SN比	C	E	B	A	D
水準1	28.143	26.778	27.941	29.586	28.809
水準2	31.174	32.538	31.375	29.731	30.507
差異	3.0309	5.7599	3.4345	0.1452	1.6984
排序	3	1	2	5	4

➢ 故最佳化參數水準 : A2B2C2D2E2

直交表應用範例四

解答2：平均回應值計算方式

先依y1~y4的試驗輸出將各試驗組的平均值計算出來,如下

No.	C	E		B	A		D	y1	y2	y3	y4	平均值
1	1	1	1	1	1	1	1	138	143	162	159	150.5
2	1	1	1	2	2	2	2	153	141	138	138	142.5
3	1	2	2	1	1	2	2	172	161	171	168	168
4	1	2	2	2	2	1	1	151	153	157	150	152.75
5	2	1	2	1	2	1	2	165	158	152	157	158
6	2	1	2	2	1	2	1	163	156	169	161	162.25
7	2	2	1	1	2	2	1	154	155	151	144	151
8	2	2	1	2	1	1	2	136	140	137	135	137

各因子平均回應值計算

C1= (150.5+142.5+168+152.75)/4 = 153.44

C2= (158+162.25+151+137)/4 = 152.06

E1= (150.5+142.5+158+162.25)/4 = 153.31

E2= (168+152.75+151+137)/4 = 152.19

B1= (150.5+168+158+151)/4 = 156.88

B2= (142.5+152.75+162.25+137)/4 = 148.63

A1= (150.5+168+162.25+137)/4 = 154.44

A2= (142.5+152.75+158+151)/4 = 11.06

D1= (150.5+152.75+162.25+151)/4 = 154.1

D2= (142.5+168+158+137)/4 = 151.38

直交表應用範例四

建立因子平均值回應表,望目特性故每組中選擇最接近
目標之回應平均值為最佳參數

項目	C	E	B	A	D
水準1	153.44	153.31	156.88	154.44	154.1
水準2	152.06	152.19	148.63	151.06	151.38
目標值	151				
目標差異1	2.44	2.31	5.88	3.44	3.1
目標差異2	1.06	1.19	2.37	0.06	0.38
水準差異 1&2	1.38	1.12	8.25	3.38	2.72
排序	4	5	1	2	3

從下圖中可明顯看出接近目標線之最佳參數值

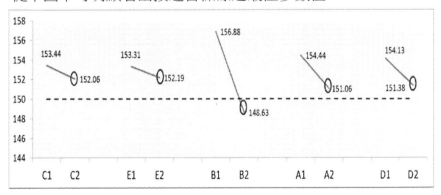

故最佳參數組合為 C2 E2 B2 A2 D2

187

直交表交互作用

　說明: 例如有A & B 兩種藥劑,成分完全不同,且兩種藥都能使病人狀況獲得改善, 盡管每種藥單獨使用時都能改善病人的狀況是事實,但是當兩種藥一起合併使用時,卻會造成病人狀況沒有好轉反而更惡化,這就是因為A & B之間存在有交互作用的關係.故當某因子各水準的效果隨著另一因子水準改變而變化,此稱作交互作用。

交互作用回應圖區分

　　線平行代表無交互作用產生。

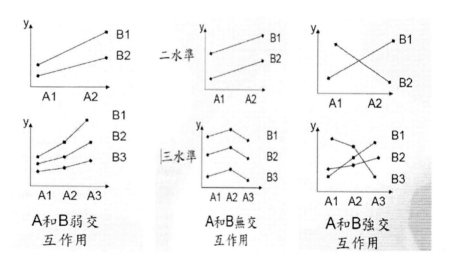

直交表交互作用

純2水準 交互作用表

※決定是否配置交互作用效果於一執行時,要相當謹慎,必須於交互作用極端重要才進行配置,否則試驗將成為誤判,通常在試驗前無法明確知道交互作用是否顯著。

以下例說明當A與B和C有交互作用時,直交表的位置如何定義? 將A當作1 為下表的垂直欄,然後B當作橫欄的2,找出1& 2交會處數字為3即是A&B交互作用的直交表位置。

將C填入橫欄4,然後找出垂直1(A)與橫欄4(C)的交會處數字為5,即是A&C交互作用的直交表位置。 請參下表.

$L_4(2^3)$、$L_8(2^7)$、$L_{16}(2^{15})$、$L_{32}(2^{31})$ 的交互作用表

Col.	1	2	3	4	5	6	7	8	9	10	11	12	13	14	15	16	17	18	19	20	21	22	23	24	25	26	27	28	29	30	31
1		3	2	5	4	7	6	9	8	11	10	13	12	15	14	17	16	19	18	21	20	23	22	25	24	27	26	29	28	31	30
2			1	6	7	4	5	10	11	8	9	14	15	12	13	18	19	16	17	22	23	20	21	26	27	24	25	30	31	28	29
3				7	6	5	4	11	10	9	8	15	14	13	12	19	18	17	16	23	22	21	20	27	26	25	24	31	30	29	28
4					1	2	3	12	13	14	15	8	9	10	11	20	21	22	23	16	17	18	19	28	29	30	31	24	25	26	27
5						3	2	13	12	15	14	9	8	11	10	21	20	23	22	17	16	19	18	29	28	31	30	25	24	27	26
6							1	14	15	12	13	10	11	8	9	22	23	20	21	18	19	16	17	30	31	28	29	26	27	24	25
7								15	14	13	12	11	10	9	8	23	22	21	20	19	18	17	16	31	30	29	28	27	26	25	24
8									1	2	3	4	5	6	7	24	25	26	27	28	29	30	31	16	17	18	19	20	21	22	23
9										3	2	5	4	7	6	25	24	27	26	29	28	31	30	17	16	19	18	21	20	23	22
10											1	6	7	4	5	26	27	24	25	30	31	28	29	18	19	16	17	22	23	20	21
11												7	6	5	4	27	26	25	24	31	30	29	28	19	18	17	16	23	22	21	20
12													1	2	3	28	29	30	31	24	25	26	27	20	21	22	23	16	17	18	19
13														3	2	29	28	31	30	25	24	27	26	21	20	23	22	17	16	19	18
14															1	30	31	28	29	26	27	24	25	22	23	20	21	18	19	16	17
15																31	30	29	28	27	26	25	24	23	22	21	20	19	18	17	16

No.	1	2	3	4	5	6	7
	A	B	A*B	C	A*C	D	E

直交表應用範例五 (有交互作用因子)

飲料冰涼度實驗 （只有4個因子,套用 L8 (2^7) 直交表）

假想你是賣冷飲的老闆,你希望提供最好的服務以爭取更的顧客。但是常常有顧客抱怨你的飲料不夠冰涼。所以你決定進行一次實驗來改善冰涼度,經苦思後,你決定直接測量飲料的溫度作為品質特性,並決定出四個控制因子及其水準,如下所示,其中因子C（溫度量測位置）表示用吸管（吸到底部的冰水）或直接用嘴喝（喝到表面的冰水）差異;了解這個因子的影響可以讓你決定是否供應吸管給顧客或讓顧客直接用嘴喝。

> ## 因為冷飲溫度越低愈冰愈好所以是望小特性

冷飲冰涼度實驗的控制因子及水準表, 設A&B, A&C, B&C
有交互作用

因子符號 說明	水準一	水準二
A 冰塊種類	3個冰塊	碎冰塊
B 混合方式	未攪動	攪動15秒
C 溫度量測位置	底部	表面
D 杯子種類	紙杯	保麗龍杯

直交表應用範例五

L₈(2⁷) 直交表

No.	A	B	A*B	C	A*C	B*C	D	Temp (y)
	1	2	3	4	5	6	7	
1	1	1	1	1	1	1	1	13.5℃
2	1	1	1	2	2	2	2	20℃
3	1	2	2	1	1	2	2	12℃
4	1	2	2	2	2	1	1	10.5℃
5	2	1	2	1	2	1	2	11℃
6	2	1	2	2	1	2	1	11.5℃
7	2	2	1	1	2	2	1	7℃
8	2	2	1	2	1	1	2	7.5℃

各因子平均回應值計算

先直接以試驗結果輸出值溫度(y),計算出各因子之回應
平均值。

A1= (13.5+20+12+10.5)/4 = 14℃
A2= (11+11.5+7+7.5)/4 = 9 ℃
B1= (13.5+20+11+11.5)/4 = 14 ℃
B2= (12+10.5+7+7.5)/4 = 9 ℃
AB1= (13.5+20+7+7.5)/4 = 12 ℃
AB2= (12+10.5+11+11.5)/4 = 11.25 ℃
C1= (13.5+12+11+7)/4 = 10.88 ℃
C2= (20+10.5+11.5+7.5)/4 = 12.38 ℃
AC1= (13.5+12+11.5+7.5)/4 = 11.13 ℃
AC2= (20+10.5+11+7)/4 = 12.13 ℃
BC1= (13.5+10.5+11+7.5)/4 = 10.63 ℃
BC2= (20+12+11.5+7)/4 = 12.63 ℃
D1= (13.5+10.5+11.5+7)/4 = 10.63 ℃
D2= (20+12+11+7.5)/4 =   12.63 ℃

直交表應用範例五

依據各因子回應平均值建立回應表,望小特性,故選擇平均回
應最小值為最佳參數。

	A	B	A*B	C	A*C	B*C	D
水準1	14℃	14℃	12℃	10.88℃	11.13℃	10.63℃	10.63℃
水準2	9℃	9℃	11.25℃	12.38℃	12.13℃	12.63℃	12.63℃
差異	5℃	5℃	0.75℃	1.5℃	1℃	2℃	2℃
排序	1	1	5	3	4	2	2

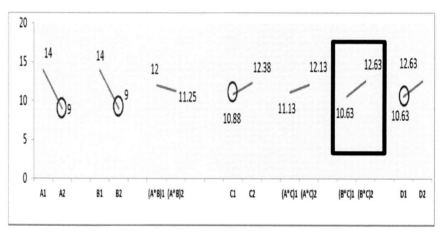

建立回應圖,也可明顯看出各因子水準的差異, 及交互因子的
差異大小。

依回應表得知最佳組合為 A2B2C1D1

但是從差異看來A×B & A×C 差異小可以不計,而B×C 的差異
較大,代表可能有不小的交互作用存在,所以必須再次確認
B1C1 / B1C2 / B2C1 / B2C2 那一個是最佳組合判定。

直交表應用範例五

B*C 平均回應值表建立

B1C1= (13.5+11)/2 = 12.25 ℃
B1C2= (20+11.5)/2 = 15.75 ℃
B2C1= (12+7)/2 = 9.5 ℃
B2C2= (10.5+7.5)/2 = 9 ℃

	C1	C2
B1	12.25℃	15.75℃
B2	9.5℃	9℃
差異	2.75℃	6.75℃

B*C 交互作用圖

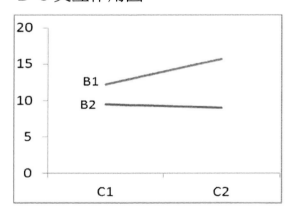

依據BC回應表得知B2C2 溫度最低,故當選擇B2時,C也必須
第二水準為最佳組合。
故最終決定全組最佳組合 A2B2C1D1 → A2B2C2D1

常用田口直交表類別

$L_4(2^3)$ 直交表

Exp.	1	2	3
1	1	1	1
2	1	2	2
3	2	1	2
4	2	2	1

$L_8(2^7)$ 直交表

Exp.	1	2	3	4	5	6	7
1	1	1	1	1	1	1	1
2	1	1	1	2	2	2	2
3	1	2	2	1	1	2	2
4	1	2	2	2	2	1	1
5	2	1	2	1	2	1	2
6	2	1	2	2	1	2	1
7	2	2	1	1	2	2	1
8	2	2	1	2	1	1	2

$L_{12}(2^{11})$ 直交表

Exp.	1	2	3	4	5	6	7	8	9	10	11
1	1	1	1	1	1	1	1	1	1	1	1
2	1	1	1	1	1	2	2	2	2	2	2
3	1	1	2	2	2	1	1	1	2	2	2
4	1	2	1	2	2	1	2	2	1	1	2
5	1	2	2	1	2	2	1	2	1	2	1
6	1	2	2	2	1	2	2	1	2	1	1
7	2	1	2	2	1	1	2	2	1	2	1
8	2	1	2	1	2	2	2	1	1	1	2
9	2	1	1	2	2	2	1	2	2	1	1
10	2	2	2	1	1	1	1	2	2	1	2
11	2	2	1	2	1	2	1	1	1	2	2
12	2	2	1	1	2	1	2	1	2	2	1

$L_{16}(2^{15})$ 直交表

Exp.	1	2	3	4	5	6	7	8	9	10	11	12	13	14	15
1	1	1	1	1	1	1	1	1	1	1	1	1	1	1	1
2	1	1	1	1	1	1	1	2	2	2	2	2	2	2	2
3	1	1	1	2	2	2	2	1	1	1	1	2	2	2	2
4	1	1	1	2	2	2	2	2	2	2	2	1	1	1	1
5	1	2	2	1	1	2	2	1	1	2	2	1	1	2	2
6	1	2	2	1	1	2	2	2	2	1	1	2	2	1	1
7	1	2	2	2	2	1	1	1	1	2	2	2	2	1	1
8	1	2	2	2	2	1	1	2	2	1	1	1	1	2	2
9	2	1	2	1	2	1	2	1	2	1	2	1	2	1	2
10	2	1	2	1	2	1	2	2	1	2	1	2	1	2	1
11	2	1	2	2	1	2	1	1	2	1	2	2	1	2	1
12	2	1	2	2	1	2	1	2	1	2	1	1	2	1	2
13	2	2	1	1	2	2	1	1	2	2	1	1	2	2	1
14	2	2	1	1	2	2	1	2	1	1	2	2	1	1	2
15	2	2	1	2	1	1	2	1	2	2	1	2	1	1	2
16	2	2	1	2	1	1	2	2	1	1	2	1	2	2	1

常用田口直交表類別

$L_{32}(2^{31})$ 直交表

Exp.	1	2	3	4	5	6	7	8	9	10	11	12	13	14	15	16	17	18	19	20	21	22	23	24	25	26	27	28	29	30	31
1	1	1	1	1	1	1	1	1	1	1	1	1	1	1	1	1	1	1	1	1	1	1	1	1	1	1	1	1	1	1	1
2	1	1	1	1	1	1	1	1	1	1	1	1	1	1	1	2	2	2	2	2	2	2	2	2	2	2	2	2	2	2	2
3	1	1	1	1	1	1	1	2	2	2	2	2	2	2	2	1	1	1	1	1	1	1	1	2	2	2	2	2	2	2	2
4	1	1	1	1	1	1	1	2	2	2	2	2	2	2	2	2	2	2	2	2	2	2	2	1	1	1	1	1	1	1	1
5	1	1	1	2	2	2	2	1	1	1	1	2	2	2	2	1	1	1	1	2	2	2	2	1	1	1	1	2	2	2	2
6	1	1	1	2	2	2	2	1	1	1	1	2	2	2	2	2	2	2	2	1	1	1	1	2	2	2	2	1	1	1	1
7	1	1	1	2	2	2	2	2	2	2	2	1	1	1	1	1	1	1	1	2	2	2	2	2	2	2	2	1	1	1	1
8	1	1	1	2	2	2	2	2	2	2	2	1	1	1	1	2	2	2	2	1	1	1	1	1	1	1	1	2	2	2	2
9	1	2	2	1	1	2	2	1	1	2	2	1	1	2	2	1	1	2	2	1	1	2	2	1	1	2	2	1	1	2	2
10	1	2	2	1	1	2	2	1	1	2	2	1	1	2	2	2	2	1	1	2	2	1	1	2	2	1	1	2	2	1	1
11	1	2	2	1	1	2	2	2	2	1	1	2	2	1	1	1	1	2	2	1	1	2	2	2	2	1	1	2	2	1	1
12	1	2	2	1	1	2	2	2	2	1	1	2	2	1	1	2	2	1	1	2	2	1	1	1	1	2	2	1	1	2	2
13	1	2	2	2	2	1	1	1	1	2	2	2	2	1	1	1	1	2	2	2	2	1	1	1	1	2	2	2	2	1	1
14	1	2	2	2	2	1	1	1	1	2	2	2	2	1	1	2	2	1	1	1	1	2	2	2	2	1	1	1	1	2	2
15	1	2	2	2	2	1	1	2	2	1	1	1	1	2	2	1	1	2	2	2	2	1	1	2	2	1	1	1	1	2	2
16	1	2	2	2	2	1	1	2	2	1	1	1	1	2	2	2	2	1	1	1	1	2	2	1	1	2	2	2	2	1	1
17	2	1	2	1	2	1	2	1	2	1	2	1	2	1	2	1	2	1	2	1	2	1	2	1	2	1	2	1	2	1	2
18	2	1	2	1	2	1	2	1	2	1	2	1	2	1	2	2	1	2	1	2	1	2	1	2	1	2	1	2	1	2	1
19	2	1	2	1	2	1	2	2	1	2	1	2	1	2	1	1	2	1	2	1	2	1	2	2	1	2	1	2	1	2	1
20	2	1	2	1	2	1	2	2	1	2	1	2	1	2	1	2	1	2	1	2	1	2	1	1	2	1	2	1	2	1	2
21	2	1	2	2	1	2	1	1	2	1	2	2	1	2	1	1	2	1	2	2	1	2	1	1	2	1	2	2	1	2	1
22	2	1	2	2	1	2	1	1	2	1	2	2	1	2	1	2	1	2	1	1	2	1	2	2	1	2	1	1	2	1	2
23	2	1	2	2	1	2	1	2	1	2	1	1	2	1	2	1	2	1	2	2	1	2	1	2	1	2	1	1	2	1	2
24	2	1	2	2	1	2	1	2	1	2	1	1	2	1	2	2	1	2	1	1	2	1	2	1	2	1	2	2	1	2	1
25	2	2	1	1	2	2	1	1	2	2	1	1	2	2	1	1	2	2	1	1	2	2	1	1	2	2	1	1	2	2	1
26	2	2	1	1	2	2	1	1	2	2	1	1	2	2	1	2	1	1	2	2	1	1	2	2	1	1	2	2	1	1	2
27	2	2	1	1	2	2	1	2	1	1	2	2	1	1	2	1	2	2	1	1	2	2	1	2	1	1	2	2	1	1	2
28	2	2	1	1	2	2	1	2	1	1	2	2	1	1	2	2	1	1	2	2	1	1	2	1	2	2	1	1	2	2	1
29	2	2	1	2	1	1	2	1	2	2	1	2	1	1	2	1	2	2	1	2	1	1	2	1	2	2	1	2	1	1	2
30	2	2	1	2	1	1	2	1	2	2	1	2	1	1	2	2	1	1	2	1	2	2	1	2	1	1	2	1	2	2	1
31	2	2	1	2	1	1	2	2	1	1	2	1	2	2	1	1	2	2	1	2	1	1	2	2	1	1	2	1	2	2	1
32	2	2	1	2	1	1	2	2	1	1	2	1	2	2	1	2	1	1	2	1	2	2	1	1	2	2	1	2	1	1	2

常用田口直交表類別

$L_9(3^4)$ 直交表

Exp.	1	2	3	4
1	1	1	1	1
2	1	2	2	2
3	1	3	3	3
4	2	1	2	3
5	2	2	3	1
6	2	3	1	2
7	3	1	3	2
8	3	2	1	3
9	3	3	2	1

$L_{18}(2^1 \times 3^7)$ 直交表

Exp.	1	2	3	4	5	6	7	8
1	1	1	1	1	1	1	1	1
2	1	1	2	2	2	2	2	2
3	1	1	3	3	3	3	3	3
4	1	2	1	1	2	2	3	3
5	1	2	2	2	3	3	1	1
6	1	2	3	3	1	1	2	2
7	1	3	1	2	1	3	2	3
8	1	3	2	3	2	1	3	1
9	1	3	3	1	3	2	1	2
10	2	1	1	3	3	2	2	1
11	2	1	2	1	1	3	3	2
12	2	1	3	2	2	1	1	3
13	2	2	1	2	3	1	3	2
14	2	2	2	3	1	2	1	3
15	2	2	3	1	2	3	2	1
16	2	3	1	3	2	3	1	2
17	2	3	2	1	3	1	2	3
18	2	3	3	2	1	2	3	1

$L_{27}(3^{13})$ 直交表

Exp.	1	2	3	4	5	6	7	8	9	10	11	12	13
1	1	1	1	1	1	1	1	1	1	1	1	1	1
2	1	1	1	1	2	2	2	2	2	2	2	2	2
3	1	1	1	1	3	3	3	3	3	3	3	3	3
4	1	2	2	2	1	1	1	2	2	2	3	3	3
5	1	2	2	2	2	2	2	3	3	3	1	1	1
6	1	2	2	2	3	3	3	1	1	1	2	2	2
7	1	3	3	3	1	1	1	3	3	3	2	2	2
8	1	3	3	3	2	2	2	1	1	1	3	3	3
9	1	3	3	3	3	3	3	2	2	2	1	1	1
10	2	1	2	3	1	2	3	1	2	3	1	2	3
11	2	1	2	3	2	3	1	2	3	1	2	3	1
12	2	1	2	3	3	1	2	3	1	2	3	1	2
13	2	2	3	1	1	2	3	2	3	1	3	1	2
14	2	2	3	1	2	3	1	3	1	2	1	2	3
15	2	2	3	1	3	1	2	1	2	3	2	3	1
16	2	3	1	2	1	2	3	3	1	2	2	3	1
17	2	3	1	2	2	3	1	1	2	3	3	1	2
18	2	3	1	2	3	1	2	2	3	1	1	2	3
19	3	1	3	2	1	3	2	1	3	2	1	3	2
20	3	1	3	2	2	1	3	2	1	3	2	1	3
21	3	1	3	2	3	2	1	3	2	1	3	2	1
22	3	2	1	3	1	3	2	2	1	3	3	2	1
23	3	2	1	3	2	1	3	3	2	1	1	3	2
24	3	2	1	3	3	2	1	1	3	2	2	1	3
25	3	3	2	1	1	3	2	3	2	1	2	1	3
26	3	3	2	1	2	1	3	1	3	2	3	2	1
27	3	3	2	1	3	2	1	2	1	3	1	3	2

常用田口直交表類別

$L_{36}(2^3 \times 3^{13})$ 直交表

Exp.	1	2	3	4	5	6	7	8	9	10	11	12	13	14	15	16
1	1	1	1	1	1	1	1	1	1	1	1	1	1	1	1	1
2	1	1	1	1	2	2	2	2	2	2	2	2	2	2	2	2
3	1	1	1	1	3	3	3	3	3	3	3	3	3	3	3	3
4	1	2	2	1	1	1	1	1	2	2	2	2	3	3	3	3
5	1	2	2	1	2	2	2	2	3	3	3	3	1	1	1	1
6	1	2	2	1	3	3	3	3	1	1	1	1	2	2	2	2
7	2	1	2	1	1	1	2	3	1	2	3	3	1	2	2	3
8	2	1	2	1	2	2	3	1	2	3	1	1	2	3	3	1
9	2	1	2	1	3	3	1	2	3	1	2	2	3	1	1	2
10	2	2	1	1	1	1	3	2	1	3	2	3	2	1	3	2
11	2	2	1	1	2	2	1	3	2	1	3	1	3	2	1	3
12	2	2	1	1	3	3	2	1	3	2	1	2	1	3	2	1
13	1	1	1	2	1	2	3	1	3	2	1	3	3	2	1	2
14	1	1	1	2	2	3	1	2	1	3	2	1	1	3	2	3
15	1	1	1	2	3	1	2	3	2	1	3	2	2	1	3	1
16	1	2	2	2	1	2	3	2	1	1	3	3	3	3	2	1
17	1	2	2	2	2	3	1	3	2	2	1	1	1	1	3	2
18	1	2	2	2	3	1	2	1	3	3	2	2	2	2	1	3
19	2	1	2	2	1	2	1	3	3	3	1	2	2	1	2	3
20	2	1	2	2	2	3	2	1	1	1	2	3	3	2	3	1
21	2	1	2	2	3	1	3	2	2	2	3	1	1	3	1	2
22	2	2	1	2	1	2	2	3	3	1	2	1	1	3	3	1
23	2	2	1	2	2	3	3	1	1	2	3	2	2	1	1	3
24	2	2	1	2	3	1	1	2	2	3	1	3	3	2	2	1
25	1	1	1	3	1	3	2	1	2	3	3	1	3	1	2	2
26	1	1	1	3	2	1	3	2	3	1	1	2	1	2	3	3
27	1	1	1	3	3	2	1	3	1	2	2	3	2	3	1	1
28	1	2	2	3	1	3	2	3	2	1	1	3	2	3	3	1
29	1	2	2	3	2	1	3	1	3	2	2	1	3	1	1	2
30	1	2	2	3	3	2	1	2	1	3	3	2	1	2	3	2
31	2	1	2	3	1	3	3	3	2	3	2	2	1	2	1	1
32	2	1	2	3	2	1	1	1	3	1	3	3	2	3	2	2
33	2	1	2	3	3	2	2	2	1	2	1	1	3	1	3	3
34	2	2	1	3	1	3	1	2	3	2	3	1	2	2	3	1
35	2	2	1	3	2	1	2	3	1	3	1	2	3	3	1	2
36	2	2	1	3	3	2	3	1	2	1	2	3	1	1	2	3

常用田口直交表類別

$L_{36}(2^{11}\times3^{12})$ 直交表

Exp.	1	2	3	4	5	6	7	8	9	10	11	12	13	14	15	16	17	18	19	20	21	22	23
1	1	1	1	1	1	1	1	1	1	1	1	1	1	1	1	1	1	1	1	1	1	1	1
2	1	1	1	1	1	1	1	1	1	1	1	2	2	2	2	2	2	2	2	2	2	2	2
3	1	1	1	1	1	1	1	1	1	1	1	3	3	3	3	3	3	3	3	3	3	3	3
4	1	1	1	1	1	2	2	2	2	2	2	1	1	1	1	2	2	2	2	3	3	3	3
5	1	1	1	1	1	2	2	2	2	2	2	2	2	2	2	3	3	3	3	1	1	1	1
6	1	1	1	1	1	2	2	2	2	2	2	3	3	3	3	1	1	1	1	2	2	2	2
7	1	1	2	2	2	1	1	1	2	2	2	1	1	2	3	1	2	3	3	1	2	2	3
8	1	1	2	2	2	1	1	1	2	2	2	2	2	3	1	2	3	1	1	2	3	3	1
9	1	1	2	2	2	1	1	1	2	2	2	3	3	1	2	3	1	2	2	3	1	1	2
10	1	2	1	2	2	1	2	2	1	1	2	1	1	3	2	1	3	2	3	2	1	3	2
11	1	2	1	2	2	1	2	2	1	1	2	2	2	1	3	2	1	3	1	3	2	1	3
12	1	2	1	2	2	1	2	2	1	1	2	3	3	2	1	3	2	1	2	1	3	2	1
13	1	2	2	1	2	2	1	2	1	2	1	1	2	3	1	3	2	1	3	3	2	1	2
14	1	2	2	1	2	2	1	2	1	2	1	2	3	1	2	1	3	2	1	1	3	2	3
15	1	2	2	1	2	2	1	2	1	2	1	3	1	2	3	2	1	3	2	2	1	3	1
16	1	2	2	2	1	2	2	1	2	1	1	1	2	3	2	1	1	3	2	3	3	2	1
17	1	2	2	2	1	2	2	1	2	1	1	2	3	1	3	2	2	1	3	1	1	3	2
18	1	2	2	2	1	2	2	1	2	1	1	3	1	2	1	3	3	2	1	2	2	1	3
19	2	1	2	2	1	1	2	2	1	2	1	1	2	1	3	3	3	1	2	2	1	2	3
20	2	1	2	2	1	1	2	2	1	2	1	2	3	2	1	1	1	2	3	3	2	3	1
21	2	1	2	2	1	1	2	2	1	2	1	3	1	3	2	2	2	3	1	1	3	1	2
22	2	1	2	1	2	2	2	1	1	1	2	1	2	2	3	3	1	2	1	1	3	3	2
23	2	1	2	1	2	2	2	1	1	1	2	2	3	3	1	1	2	3	2	2	1	1	3
24	2	1	2	1	2	2	2	1	1	1	2	3	1	1	2	2	3	1	3	3	2	2	1
25	2	1	1	2	2	2	1	2	2	1	1	1	3	2	1	2	3	3	1	3	1	2	2
26	2	1	1	2	2	2	1	2	2	1	1	2	1	3	2	3	1	1	2	1	2	3	3
27	2	1	1	2	2	2	1	2	2	1	1	3	2	1	3	1	2	2	3	2	3	1	1
28	2	2	2	1	1	1	1	2	2	1	2	1	3	2	2	2	1	1	3	2	3	1	1
29	2	2	2	1	1	1	1	2	2	1	2	2	1	3	3	3	2	2	1	3	1	2	2
30	2	2	2	1	1	1	1	2	2	1	2	3	2	1	1	1	3	3	2	1	2	3	3
31	2	2	1	2	1	2	1	1	1	2	2	1	3	3	2	3	2	2	1	2	1	1	3
32	2	2	1	2	1	2	1	1	1	2	2	2	1	1	3	1	3	3	2	3	2	2	1
33	2	2	1	2	1	2	1	1	1	2	2	3	2	2	1	2	1	1	3	1	3	3	2
34	2	2	1	1	2	1	2	1	2	2	1	1	3	1	2	3	1	3	2	3	2	1	2
35	2	2	1	1	2	1	2	1	2	2	1	2	1	2	3	1	2	1	3	1	3	2	3
36	2	2	1	1	2	1	2	1	2	2	1	3	2	3	1	2	3	2	1	2	1	3	1

常用田口直交表類別

$L_{54}(2^1 \times 3^{25})$ 直交表

Exp.	1	2	3	4	5	6	7	8	9	10	11	12	13	14	15	16	17	18	19	20	21	22	23	24	25	26
1	1	1	1	1	1	1	1	1	1	1	1	1	1	1	1	1	1	1	1	1	1	1	1	1	1	1
2	1	1	1	1	1	1	1	2	2	2	2	2	2	2	2	2	2	2	2	2	2	2	2	2	2	2
3	1	1	1	1	1	1	1	3	3	3	3	3	3	3	3	3	3	3	3	3	3	3	3	3	3	3
4	1	1	2	2	2	2	2	2	1	1	1	1	1	1	2	3	3	3	2	3	2	3	2	3	2	3
5	1	1	2	2	2	2	2	2	2	2	2	2	3	1	1	3	1	3	1	3	1	3	1	3	1	1
6	1	1	2	2	2	2	2	3	3	3	3	3	3	2	2	1	2	1	2	1	2	1	2	1	2	2
7	1	1	3	3	3	3	3	1	1	1	1	1	1	3	2	3	2	3	2	3	2	3	2	3	2	2
8	1	1	3	3	3	3	3	2	2	2	2	2	1	1	3	1	3	1	3	1	3	1	3	1	3	3
9	1	1	3	3	3	3	3	3	3	3	3	3	3	2	1	2	1	2	1	2	1	2	1	2	1	1
10	1	2	1	1	2	3	3	1	2	2	3	3	1	1	1	2	3	3	2	3	2	3	2	3	2	3
11	1	2	1	1	2	3	3	2	3	3	1	1	2	2	2	3	1	3	1	3	1	1	1	3	1	3
12	1	2	1	1	2	3	3	3	1	1	2	2	3	3	1	2	2	1	2	2	1	2	2	1	2	1
13	1	2	2	2	3	1	1	1	1	2	2	3	3	2	3	2	3	3	2	3	2	3	2	1	1	1
14	1	2	2	2	3	1	1	2	3	1	3	1	3	1	3	1	1	3	1	3	1	1	3	2	2	2
15	1	2	2	2	3	1	1	3	1	3	1	3	1	2	2	1	2	1	2	1	2	1	3	3	3	3
16	1	2	3	3	1	2	2	1	2	3	3	2	3	3	2	1	1	1	1	2	3	2	1	1	1	1
17	1	2	3	3	1	2	2	1	3	1	1	3	1	1	3	2	2	2	2	3	1	3	1	3	1	1
18	1	2	3	3	1	2	2	3	1	2	2	2	1	1	2	2	1	3	3	3	1	2	1	1	2	2
19	1	3	1	2	1	3	2	3	1	2	1	3	2	3	1	1	3	2	3	3	2	3	2	3	3	2
20	1	3	1	2	1	3	2	1	2	3	1	1	3	1	2	2	1	3	1	1	2	1	3	1	1	3
21	1	3	1	2	1	3	2	2	3	1	3	2	1	2	3	2	3	1	2	2	3	2	1	2	1	1
22	1	3	2	3	2	1	3	1	1	2	3	2	2	2	3	3	1	2	2	1	3	2	1	1	1
23	1	3	2	3	2	1	3	2	1	3	2	1	3	1	3	1	3	1	1	3	1	3	1	1	3
24	1	3	2	3	2	1	3	3	2	1	2	1	2	2	1	2	2	3	3	2	1	1	3	3
25	1	3	3	1	3	2	1	1	2	1	2	3	2	3	3	2	1	2	3	2	3	1	1	1
26	1	3	3	1	3	2	1	2	2	3	1	1	3	1	1	3	2	1	1	3	1	2	2	3	1
27	1	3	3	1	3	2	1	3	1	2	3	2	1	2	1	3	1	2	1	3	3	1	2	3	1
28	2	1	1	3	3	1	3	2	1	3	3	2	2	1	1	3	2	2	3	2	3	2	1
29	2	1	1	3	3	1	3	2	3	1	1	3	3	2	2	1	3	1	3	1	1	1	2	2
30	2	1	1	3	3	1	3	3	2	1	3	2	1	3	3	3	1	2	1	2	2	3	3
31	2	1	2	1	1	2	3	1	3	3	2	2	1	1	3	1	1	1	3	2	3	2	3
32	2	1	2	1	1	3	3	2	1	1	3	3	2	3	1	2	2	2	2	3	1	3	1
33	2	1	2	1	1	3	3	3	3	2	2	1	1	3	1	2	3	2	3	3	2	1	1
34	2	1	3	2	2	1	3	3	2	2	1	3	2	2	1	3	2	1	1	1	3	2
35	2	1	3	2	2	1	3	3	3	2	1	1	1	2	3	2	1	2	2	2	1	3
36	2	1	3	2	2	1	3	1	2	3	3	2	2	3	2	1	1	2	3	3	3	2	1
37	2	2	1	2	3	1	3	2	3	3	1	3	2	1	2	3	2	3	2	1	3	3	1
38	2	2	1	2	3	1	2	3	3	1	2	3	2	3	1	2	1	1	3	1	2	3	1
39	2	2	1	2	3	1	2	1	2	3	1	2	3	1	2	1	3	2	1	2	3	1	2
40	2	2	2	3	1	3	2	2	1	1	3	2	3	3	2	1	1	2	3	1	1	1	2
41	2	2	2	3	1	3	2	2	3	3	1	2	1	3	1	1	2	2	3	2	1	1	3
42	2	2	2	3	1	3	2	3	1	2	2	3	2	1	2	2	1	1	2	3	3	1
43	2	2	3	1	2	3	2	1	2	1	3	2	3	3	1	2	3	2	2	1	1
44	2	2	3	1	2	3	1	3	1	2	1	3	1	3	2	3	1	3	3	1	2	2
45	2	2	3	1	2	3	1	2	3	1	2	1	2	1	3	3	2	1	2	3	3
46	2	3	1	3	2	3	1	1	3	2	3	1	2	1	2	3	2	1	1	2	3
47	2	3	1	3	2	3	1	2	1	3	1	2	3	2	2	2	1	3	2	2	3
48	2	3	1	3	2	1	2	3	1	2	1	3	3	2	1	1	2	3	3	1	1
49	2	3	2	1	3	1	1	3	1	3	2	1	3	2	2	1	3	2	1	3
50	2	3	2	1	3	2	1	1	3	1	1	2	3	1	2	3	1	1	2	3
51	2	3	2	1	3	1	3	1	2	3	1	1	2	1	3	3	1	3	1	2	1
52	2	3	3	2	1	2	1	2	1	2	3	1	2	3	2	2	3	1	1	3	1
53	2	3	3	2	1	3	3	1	2	3	1	3	1	2	3	2	2	1	3	2	2
54	2	3	3	2	1	2	3	1	2	3	1	2	1	1	3	3	2	2	1	3	3

田口直交表解析度

※括符中的數字可設置任意順序

純二水準直交表實驗的因子配置及其解析度

OA	Number of Factors	Columns used (Numbers in parentheses may be in any order)	Resolution
L4	1-2	1, 2	V
	3	1, 2, 3	III
L8	1-3	1, 2, 4	V
	4	1, 2, 4, 7	IV
	5-7	1, 2, 4, 7, (3, 5, 6)	III
L16	1-4	1, 2, 4, 8	V
	5	1, 2, 4, 8, 15	V
	6-8	1, 2, 4, 7, 8, (11, 13, 14)	IV
	9-15	1, 2, 4, 7, 8, 11, 13, 14, (3, 5, 6, 9, 10, 12, 15)	III
L32	1-5	1, 2, 4, 8, 16	V
	6	1, 2, 4, 8, 16, 31	V
	7-16	1, 2, 4, 8, 16, 31, (7, 11, 13, 14, 19, 21, 22, 25, 26, 28)	IV
	17-31	1, 2, 4, 7, 8, 11, 13, 14, 16, 19, 21, 22, 25, 26, 28, 31, (3, 5, 6, 9, 10, 12, 15, 17, 18, 20, 23, 24, 27, 29, 30)	III

純三水準直交表實驗的因子配置及其解析度

OA	Number of Factors	Columns used (Numbers in parentheses may be in any order)	Resolution
L9	1-2	1, 2	V
	3-4	(1, 2, 3, 4)	III
L27	1-3	1, 2, 5	V
	4	1, 2, 5, (9, 10, 12, 13)	IV
	5-13	1, 2, 3, 4, 5, (6-13)	III

田口直交表解析度

➢ 當有些交互作用和因子效應混淆時，我們說，此直交表實驗有「三級解析度」（resolution III）。

➢ 當所有交互作用都沒有和因子效應混淆，但是有些交互作用和其它交互作用混淆時，我們說，此直交表實驗有「四級解析度」（resolution IV）。

➢ 當所有交互作用都沒有和任何因子效應或其它交互作用混淆時，我們說，此直交表實驗有「五級解析度」（resolution V）。

➢ 上述定義中，交互作用是指二因子間的交互作用。

田口直交表解析度

三級解析度（Resolution III）

➤ 當有些交互作用和因子效應混淆時，我們說，此直交表實驗有「三級解析度」。

➤ 飽和直交表實驗都是三級解析度實驗。

$L_8(2^7)$	A $B \times C$ $D \times E$ $F \times G$	B $A \times C$ $D \times F$ $E \times G$	C $A \times B$ $D \times G$ $E \times F$	D $B \times F$ $C \times G$	E $A \times D$ $B \times G$ $C \times F$	F $B \times D$ $C \times E$	G $A \times F$ $B \times E$ $C \times D$
Column no.	1	2	3	4	5	6	7

四級解析度（Resolution IV）

➤ 當所有交互作用都沒有和因子效應混淆，但是有些交互作用和其它交互作用混淆時，我們說，此直交表實驗有「四級解析度」。

$L_8(2^7)$	A	B	$A \times B$ $C \times D$	C	$A \times C$ $B \times D$	$B \times C$ $A \times D$	D
Column no.	1	2	3	4	5	6	7

五級解析度（Resolution V）

➤ 當所有交互作用都沒有和任何因子效應或其它交互作用混淆時，我們說，此直交表實驗有「五級解析度」。

$L_8(2^7)$	A	B	$A \times B$	C	$A \times C$	$B \times C$	
Column no.	1	2	3	4	5	6	7

九、產品可靠度管理淺論

1. 可靠度是甚麼 ?

2.所謂可靠度是指特定產品在給定之操作環境及
  條件下，能成功的發揮其應有功能至一給定時間
  之機率。

  例: 如下圖, 規定賽車要在15min內跑完一圈,並且加入了一
些干擾環境、雪、雨、障礙、坑洞,所以車子有多少機率可
以在規定時間內跑完,這就是可靠度的意思, 當然隨著環境嚴
苛度相對也會影響到可靠度。

3.可能會影響產品可靠度的因素

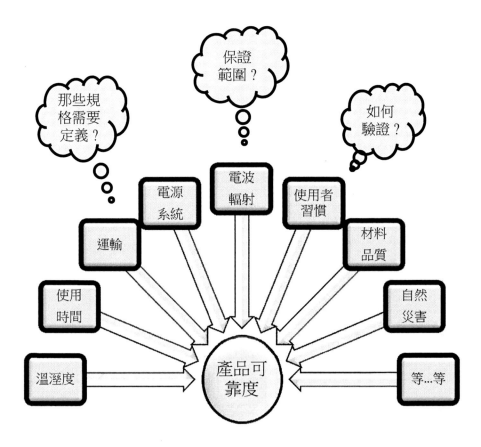

4. 電子產品可靠度浴缸曲線（Bath-tub Curve）：由遞減、穩定及遞增型所構成者

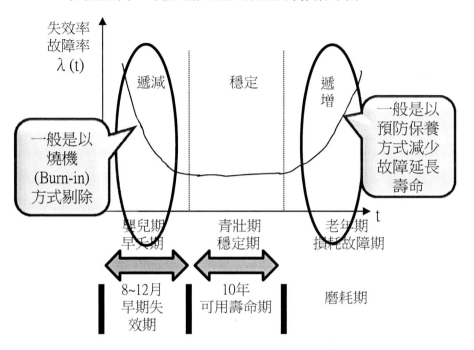

可靠度分配模式

可靠度浴缸曲線,由下圖中3圖組合而成,故可得知早夭期(1)及穩定期(2)是屬於指數分配,而損耗故障期(3)是屬於常態分配。

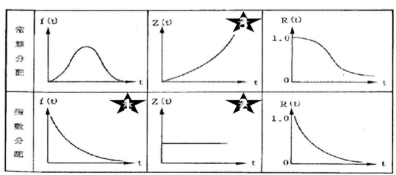

5.可靠度名詞定義

可靠度可以下列各項來表示：

1. 失效率(failure rate)

   在特定的時間內產品失效的平均次數。

   $$MTBF = \frac{1}{失效率_{(\lambda)}}$$

2. 平均失效間隔時間(mean time between failure，簡稱MTBF)

   指失效的產品若為可修護的，其發生失效間的平均時間(不含早夭期和損耗期)。

   ※ 每隔多久要修一次? 多久看一次醫生？

   例: 車子保養維修,電子產品維修,人平均多久生一次病……等。

3. 失效的平均時間(mean time to failure 平均壽命，簡稱MTTF)

   指失效的產品若是不能修護的，其發生失效的平均時間。

   對於可維修的產品,MTTF則定義為產品初次失效發生時間。

   ※ 平均壽命多久就會壞？人壽命平均活多久?

   例: 燈泡壽命, 電子零件, 人壽命……等。

   ※一台電腦因為一顆IC零件壞掉而故障,對電腦而言如發生兩次以上故障則稱為MTBF,對零件IC而言則為MTTF。

6.可靠度預估(Part count)

用途分類別: 商業用 (一般)
　　　　　　工業用 (較嚴格)
　　　　　　軍用　　(最嚴格)
電子產品MTBF計算軟體: 1. MIL-HDBK-217F (自製Excel 表格)
　　　　　　　　　　　　2. Bellcore & Relax ……等套裝軟體

電子設計模式: 電子串聯系統

串聯的零件是零件間一個接一個的放在一起。若有一個
零件失效,則整個系統就失效。就如一個鎖鏈,其中一
環故障,整個鎖鏈就故障。

λs(系統失效率)= $\lambda 1 + \lambda 2$ = 0.01+0.12 = 0.13

R (系統可靠度)=$e^{-\lambda t}=e^{-(\lambda 1+\lambda 2)t} = e^{-(0.01+0.12)t} = e^{-0.13t}=0.878$

t:為使用時間以小時為單位,目前先設其為1小時

練習1: 假設 某個電路系統由18個電阻, 5個IC, 9個電容, 所
　　　　串聯而成,求此系統的失效率(λ_s)及使用10小時的
　　　　可靠度為何 ?
　　　　電阻 λr = 0.00002次/小時
　　　　IC　 λi = 0.00001次/小時
　　　　電容 λc =0.000002次/小時　　 **(解答後面)**

6.可靠度預估(Part count)

設計模式: 電子並聯系統

為增加系統之可靠度,零件以並聯方式被放置。當只有系統中的若干個零件失效時,並不造成系統之失效;只有在所有零件都失效時,系統才失效。

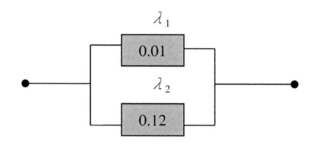

λs(系統失效率)= $\lambda 1 \times \lambda 2 = 0.01 \times 0.12 = 0.0012$

Rs(系統可靠度) = $1 - \lambda s = 1 - 0.0012 = 0.9988$

練習2: 假設某一系統由3個零件並聯而成,其每個零件的失效率如下,請試算出系統失效率(λs)及可靠度(Rs)為何?

$\lambda 1 = 0.02$ 次/小時

$\lambda 2 = 0.01$ 次/小時

$\lambda 3 = 0.12$ 次/小時

(解答後面)

6.可靠度預估(Part count)

設計模式: 電子串並聯系統(複合系統)

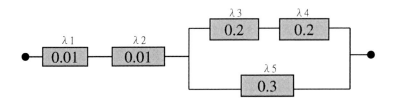

λs(系統失效率) = $\lambda 1 + \lambda 2 + [(\lambda 3 + \lambda 4) * \lambda 5]$

$= 0.01+0.01 + ((0.2+0.2) \times 0.3)$

$= 0.02 + (0.4 \times 0.3) = 0.02 + 0.12 = 0.14$

Rs (系統可靠度) = 1 - λs = 1- 0.14 = 0.86

練習3: 試計算出 λs(系統失效率) ? Rs (系統可靠度) ?

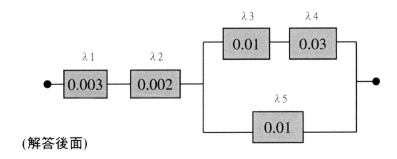

(解答後面)

211

6.可靠度預估(Part count) -------解答

設計模式: 電子串聯系統

練習1解答:

系統失效率$=\lambda_s$ = 18 λ r + 5 λ i + 9 λ c = (18 × 0.00002) +

(5 × 0.00001) +(9 × 0.000002)

= 0.00036 + 0.00005 + 0.00018 = 0.00104 次/小時

= 10000小時會有104次失效發生

系統可靠度Rs(10小時) $= e^{-\lambda t} = e^{-0.00104*10} = 0.9763$

設計模式: 電子並聯系統

練習2解答:

λ s(系統失效率)= λ 1 × λ 2 × λ 3 = 0.02 × 0.01 × 0.12 = 0.000024

Rs(系統可靠度) = 1- λ s = 1- 0.000024 = 0.9999

設計模式: 電子串並聯系統(複合系統)

練習3解答:

λ s(系統失效率) = λ 1 + λ 2 +[(λ 3 + λ 4) × λ 5] = 0.003+0.002 +

((0.01+0.03) × 0.01)

= 0.005 + (0.04×0.1) = 0.005+ 0.004 = 0.002

Rs (系統可靠度) = 1- λ s = 1- 0.002 = 0.998

6.可靠度預估(Part count)

設計模式: 機械模式

針對時間因素,對設計參數或產品可靠度的影響,並不顯著的產品而言,其可靠度定義為材料強度能夠承受使用時,所受到的最大作用力,也就是以材料強度(δ)和承受應力(S)之關係,比做為可靠度評估之參數。

當強度與應力均屬常態分佈時,產品失效機率及可靠度如下公式:

$$P_f(產品失效機率) = 1 - \Phi(\frac{\mu_{\delta} - \mu_s}{\sigma_g})$$

$$\beta(可靠度指數) = \frac{\mu_{\delta} - \mu_s}{\sigma_g}$$

$$\sigma_g (標準差) = \sqrt{\sigma^2_{\delta} + \sigma^2_s}$$

Φ: 標準常態分佈函數

μ_{δ}: 強度分佈平均值

μ_s: 應力分佈平均值

σ_g: 標準差

σ_{δ}: 強度分佈標準差

σ_s: 應力分佈標準差

6.可靠度預估(Part count)

設計模式: 機械模式

假設某機構材料所承受應力平均值為100MPa,標準差為10Mpa, 此材料的強度為200MPa,標準差為30MPa, 求其可靠度機率。

$$\beta(\text{可靠度指數}) = \Phi(\frac{\mu_\delta - \mu_s}{\sigma_g}) = \Phi(\frac{200 - 100}{31.63}) = \Phi(3.16)$$
$$= 0.99921\text{-----查常態機率分佈表所得}$$

$$\sigma_g \text{ (標準差)} = \sqrt{\sigma^2_\delta + \sigma^2_s} = \sqrt{30^2 + 10^2} = 31.63$$

μ_δ: 400MPa 強度分佈平均值

μ_s : 100MPa 應力分佈平均值

σ_δ : 30MPa 強度分佈標準差

σ_s : 10MPa 應力分佈標準差

※ 若以傳統的安全係數計算的話 200MPa / 100MPa = 2.0,
　　但是如果當材料因為環境影響而導致標準差變大的話,
　　會降低其可靠度, 但是其安全係數還是2.0不變。

練習1: 假設某機構材料所承受應力平均值為300MPa,標準差為30Mpa, 此材料的強度為200MPa,標準差為60Mpa, 求其可靠度機率。

練習2: 假設設計產品包裝紙箱抗壓強度為1200kg,並設受環境濕度影響,可能抗壓強度會衰減40%,並因倉儲堆疊關係最大受力136.2kg,標準差約10kg , 試求此紙箱可靠度機率。

解答在後面

6.可靠度預估(Part count) ---------解答

設計模式: 機械模式

練習1解答:

$$\sigma_g \text{ (標準差)} = \sqrt{\sigma^2_\delta + \sigma^2_s} = \sqrt{60^2 + 30^2} = 67.1$$

$$\beta \text{(可靠度指數)} = \Phi(\frac{\mu_\delta - \mu_s}{\sigma_g}) = \Phi(\frac{300 - 200}{67.1}) = \Phi(1.49)$$

$$= 0.9319\text{-----查常態機率表所得可靠度機率}$$

μ_δ: 強度分佈平均值　　μ_s: 應力分佈平均值

σ_δ: 強度分佈標準差　　σ_s: 應力分佈標準差

練習2解答:

$$\sigma_g \text{ (標準差)} = \sqrt{\sigma^2_\delta + \sigma^2_s} = \sqrt{480^2 + 10^2} = 480.1$$

$$\beta \text{(可靠度指數)} = \Phi(\frac{\mu_\delta - \mu_s}{\sigma_g}) = \Phi(\frac{1200 - 136.2}{480.1}) = \Phi(2.22)$$

$$= 0.9868\text{-----查常態機率表所得可靠度機率}$$

7.可靠度減額設計

減額設計:

　對於施加於零件上之有限度的電子、熱與機械應力設計,係將應力設定為低於其特定額定值,稱為減額定(Derating)。

　例: 如下2張圖片,一個人揹著東西,肯定走得比較辛苦,也一定無法走的比另外一個人遠,人就好比是零件,如果平常就負載大的話,相對壽命就會比輕負載的零件來的短。

　所以在設計產品電路之初就必須要考慮到產品零件的負載定義,以避免影響產品壽命,而一般各種零件的負載定義(減額定義),作者有收集到一些業界的水準,可供參考。

　(P.S. 此標準不是絕對,有時與公司政策和策略衝突時,還是要斟酌的決定)

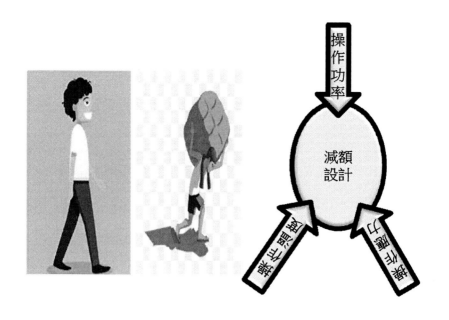

7.可靠度減額設計參考準則 (電晶體/IC/電容)

(電阻/變壓器/電感)

固定電阻	參數	正常	最差狀況
碳素		50%	70%
薄膜	功率	50%	70%
線繞(功率)		50%	70%
線繞(精準)		30%	60%

可變電阻	參數	正常	最差狀況
線繞		30%	70%
非線繞	功率	30%	60%
熱敏性		50%	60%
註:V(減額)= 0.8			

變壓器及電感	工作電流	60%	80%
	突波電流	90%	90%
	介電質耐電壓	50%	60%

(二極體)

二極體型式	參數	正常	最差狀況
功率整流	功率消耗	50%	80%
	平均順向電流	50%	80%
	逆向電壓	70%	80%
	接面溫度	100℃	135℃
小信號處理	功率消耗	50%	75%
	平均順向電流	50%	80%
	逆向電壓	70%	80%
	接面溫度	100℃	135℃
突波抑制	功率消耗	50%	70%
	平均順向電流	50%	75%
	接面溫度	95℃	125℃
電壓參考/穩壓	功率消耗	50%	75%
	電流		
	接面溫度	95℃	125℃
微波	功率消耗	50%	75%
	逆向電壓	70%	85%
	接面溫度	95℃	125℃
光耦合二極體	平均順向電流	50%	75%
	接面溫度	95℃	115℃

7.可靠度減額設計參考準則 (電晶體/IC/電容)

矽電晶體減額準則	參數	減額比	
		正常	最差狀況
雙極性電晶體	功能消耗	50%	80%
	電流(IC)	75%	85%
	電壓(Vcc)	60%	80%
	結合溫度	95℃	135℃
場效應電晶體	功率消耗	50%	75%
	逆向電壓	60%	80%
	結合溫度	95℃	135℃
閘流晶管	啟動電源	50%	75%
矽控整流器	斷閉電壓	60%	80%
三端雙向矽控開關	結合溫度	95℃	135℃
數位微電路減額準則	參數	正常	最差狀況
雙極性及金氧化二極體	動態供應電壓	70%	85%
	頻率	85%	95%
	輸出電流	80%	90%
	結合溫度	110℃	125℃
雙極性金氧化二極體	頻率	80%	90%
	結合溫度	85℃	110℃
線性微電路減額準則	參數	正常	最差狀況
雙極性及金氧化二極體	動態供應電壓	70%	80%
	輸入電壓	60%	70%
	輸出電流	70%	80%
	結合溫度	80℃	105℃
固定電容減額準則	參數	正常	最差狀況
紙質/塑膠	直流電壓	50%	70%
麥拉			
玻璃			
陶瓷			
鉭電解質			
鋁電解質			
註:溫度每增加10℃, 其失效率增加一倍			

7.可靠度減額設計參考準則(各類元件)

各類電子元件減額準則	參數	減額比 正常	減額比 最差狀況
Biploar Tr.	Pw	50%	80%
	Ic	75%	85%
	V$_{CE}$	60%	80%
	T$_J$	95℃	135℃
FET	Pw	50%	75%
	V$_{(BR)DSS}$	60%	80%
	T$_J$	95℃	135℃
SCR	V$_{DRM}$, V$_{RRM}$	60%	80%
TRAIC	T$_J$	70℃	100℃
Biploar Linear IC & MOS Linear IC	V$_{CC}$	70%	80%
	Vi	60%	70%
	Io	70%	80%
	T$_J$	70℃	90℃
Bipolar Digital IC	V$_{CC}$	70%	85%
	E	85%	95%
	Io	80%	90%
	T$_J$	77℃	87℃%
MOS Digital IC	V$_{CC}$	70%	85%
	E	80%	90%
	Io	80%	90%
	T$_J$	60℃	77℃
Poly capacitor	VDC	50%	70%
Mylar capacitor			
Tan capacitor			
EC capacitor			
Ceramic capacitor			

7.可靠度減額設計參考準則(各類元件)

各類電子元件減額準則	參數	減額比	
		正常	最差狀況
Rectifier diode	Pw	50%	80%
	$I_{f(AV)}$	50%	80%
	V_{RRM}	70%	80%
	T_J	100℃	135℃
Small singal diode	Pw	50%	75%
	$I_{F(AV)}$	50%	80%
	V_{RRM}	70%	80%
	T_J	100℃	135℃
Zener diode	Pw	50%	75%
	T_J	95℃	125℃
Resistor(Film)	Pw	50%	70%
Resistor(wirewound) (high power)	Pw	50%	70%
VR(wirewound) (high power)	Pw	30%	60%
VR(non-wirewound) (high power)	Pw	30%	60%
Transformer & Inductor	I_{WORK}	60%	80%
	I_{SURGE}	90%	90%
Connector	V	50%	80%
	I	50%	85%

8.可靠度環境應力篩選
ESS (Environmental Stress Screening)

Stress TEST

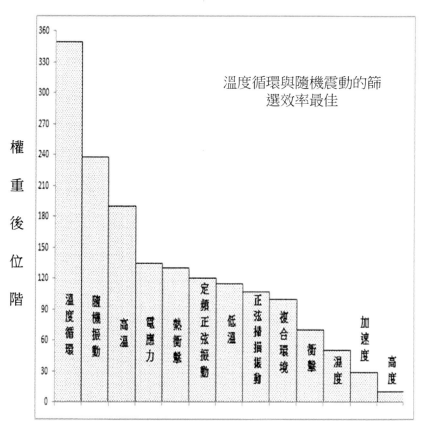

各種篩選環境應力之相對篩選效率

8.可靠度環境應力篩選
ESS (Environmental Stress Screening)

HALT & HASS TEST

破壞測試,尋求產品極限規格

高加速壽命試驗（Highly Accelerated Life Testing，簡稱HALT試驗）HALT一詞是Gregg K. Hobbs 於1988年提出的。是一種利用階梯應力加諸於試品，併在早期發現**產品缺陷**、操作設計邊際及結構強度極限的方法。試品通過HALT所暴露的缺陷，涉及**線路**設計、工藝、元部件和結構等方面。

HALT的主要目的是在產品設計和試產階段，通過試驗，快速發現**產品**的潛在缺陷，並加以改進和驗證，從而增加產品的極限值，提高其堅固性及**可靠性**。

高加速壽命試驗（HALT）設備，須包括以下要求，並且能同時進行溫度和振動的組合試驗。
1. 振動參數
   - 6自由度（三軸向六個自由度）的重覆衝擊振動功能和準隨機振動功能。
   - 振動能量可分佈範圍：10Hz ～ 10000Hz。
   - 臺面的最大振動輸出量級不小於35Grms（臺面不加負載）。
2. 溫度參數
   溫度試驗是為了對產品進行快速的溫度變化試驗，參數要求如下：
   快速溫變能力（最大溫變速率不小於45℃/min）。
   溫度變化範圍：-80℃ ～+170℃。

8.可靠度環境應力篩選
ESS (Environmental Stress Screening)

HALT & HASS TEST

非破壞測試,為定義產品測試規格

　　HASS(Highly accelerated stress screening)高加速應力篩選
HASS試驗計畫必須參考前面HALT試驗所得到的結果。一般
是將溫度及振動合併應力中的高、低溫度的**可操作界限縮小
20％**，而振動條件則以**破壞界限G值的50％**做為HASS試驗計
畫的初始條件。然後再依據此條件開始執行溫度及振動合併
應力測試，並觀察被測物是否有故障出現。**如有故障出現，**
須先判斷是因過大的環境應力造成的，還是由被測物本身的
品質引起的。屬前者時應再**放寬溫度及振動應力10％再進行
測試**，屬後者時表示目前測試條件有效。**如無故障情況發生，**
則須再**加嚴測試環境應力10％再進行測試。**

篩選檢證 (Proof-of-Screen)

　　在建立HASS Profile（HASS程式）時應注意兩個原則：首先，
**須能檢測出可能造成設備故障的隱患；其次，經試驗後不造
成設備損壞或"內傷"**。為了確保HASS試驗計畫階段所得的
結果符合上述兩個原則，**必須準備3個試驗品，並在每個試
品上製作一些未依標準工藝製造或組裝的缺陷，如零件浮插、
空焊及組裝不當等。**以HASS試驗計畫階段所得到的條件測試
各試驗品，並觀察各試品上的人造缺陷是否能被檢測出來，
以決定是否加嚴或放寬測試條件，而能使 HASS Profile達到
預期效果。

9.可靠度驗證---設計階段MTBF預估試驗

固定時間試驗法

固定時間泛指數模式(GEM)抽樣表

信賴水準 100γ%	允許 失 效 數(r)										
	0	1	2	3	4	5	6	7	8	9	10
95	2.9957	4.7439	6.2958	7.7537	9.1535	10.5130	11.8424	13.1481	14.4347	15.7052	16.962
90	2.3026	3.8897	5.3223	6.6808	7.9936	9.2747	10.5321	11.7709	12.9947	14.2860	15.4066
85	1.8971	3.3724	4.7231	6.0135	7.2670	8.4947	9.7031	10.8965	12.0777	13.2488	14.411
80	1.6094	2.9943	4.2790	5.5151	6.7210	7.9060	9.0754	10.2325	11.3798	12.5188	13.650
75	1.3863	2.6926	3.9204	5.1094	6.2744	7.4227	8.5585	9.6844	10.8025	11.9139	13.019
70	1.2040	2.4392	3.6165	4.7622	5.8904	7.0056	8.1111	9.2098	10.3007	11.3073	12.469
65	1.0498	2.2189	3.3474	4.4547	5.5486	6.6331	7.7105	8.7823	9.8497	10.9132	11.9736
63.2	(1.0)										
60	0.9163	2.0223	3.1054	4.1753	5.2366	6.2919	7.3427	8.3898	9.4340	10.4757	11.515
55	0.7985	1.8436	2.8826	3.9136	4.9461	5.9732	6.9981	8.0212	9.0430	10.0636	11.0032
50	0.6932	1.6784	2.6741	3.6721	4.6709	5.6702	6.6696	7.6693	8.6690	9.6687	10.668
40	0.5110	1.3765	2.2850	3.2114	4.1476	5.0910	6.0392	6.9914	7.9466	8.9044	9.8644
30	0.3567	1.0973	1.9138	2.7635	3.6338	4.5170	5.4108	6.1322	7.2199	8.1329	9.050
26.4		(1.0)									
20	0.2232	0.8245	1.5351	2.2970	3.0895	3.9035	4.7337	5.5761	6.4285	7.2892	8.1570
10	0.1054	0.5325	1.1028	1.7450	2.4328	3.1518	3.8948	4.6561	5.4325	6.2213	7.0288
5	0.0513	0.3552	0.8150	1.3665	1.9705	2.6130	3.2853	3.9800	4.6952	5.4255	6.169

總測試時間(小時)= MTBF
(平均失效間隔時間) × T.R (試驗比)

9.可靠度驗證---設計階段MTBF預估試驗

固定時間試驗法

1.假設一產品以part count 計算出MTBF (平均失效間隔)為
  3000小時,試擬出90%信賴水準試驗計畫。 (0 ~ 5個失效各
  所需試驗時間)

固定時間泛指數模式(GEM)抽樣表

信賴水準	允 許 失 效 數(r)										
100γ %	0	1	2	3	4	5	6	7	8	9	10
95	2.9957	4.7439	6.2958	7.7537	9.1535	10.5130	11.8424	13.1481	14.4347	15.7052	16.9622
90	2.3026	3.8897	5.3223	6.6808	7.9936	9.2747	10.5321	11.7709	12.9947	14.2860	15.4066

查 GME表中90% 數值計算各失效數之應試驗時間總測試時間
= MTBF × T.R (試驗比)

r (失效數)	T.R(試驗比)	應測試時間
0	2.3026	3000×2.3036= 6911 hrs
1	3.8897	3000×3.8897= 11670 hrs
2	5.3223	3000×5.3223= 15967 hrs
3	6.6808	3000×6.6808= 20043 hrs
4	7.9936	3000×7.9936= 23981 hrs
5	9.2747	3000×9.2747= 27825 hrs

練習1.假設一產品以part count 計算出MTBF (平均失效間隔)
     為4000小時,試擬出95%信賴水準 0 ~ 3 個失效時之
     試驗計畫。

解答在下頁

9.可靠度驗證---設計階段MTBF預估試驗
固定時間試驗法

2: 假設一產品已經試驗12000小時,發生了2個失效,試計算出90%信賴水準之MTBF值?

要繼續進行多久可以達到4000小時的MTBF?

固定時間泛指數模式(GEM)抽樣表

信賴水準	允 許 失 效 數(r)										
100γ%	0	1	2	3	4	5	6	7	8	9	10
95	2.9957	4.7439	6.2958	7.7537	9.1535	10.5130	11.8424	13.1481	14.4347	15.7052	16.9622
90	2.3026	3.8897	5.3223	6.6808	7.9936	9.2747	10.5321	11.7709	12.9947	14.2860	15.4066

MTBF(平均失效間隔) = 總測試時間/T.R = 12000/5.3223
$$= 2255 \text{ 小時}$$

MTBF 4000小時 = 總測試時間 / 5.3223

總測試時間 = 4000小時 × 5.3223 = 21289 小時

已經測試了 12000小時, 故 21289-12000= 9289 小時

所以如果繼續再進行9289小時的試驗沒有再發生失效的話,則產品可達到4000小時 MTBF

練習2: 假設一產品已經試驗累計20000小時,發生了3個失效,試計算出95%信賴水準之MTBF值?

要繼續進行多久可以達到5000小時的MTBF?

解答在下頁

9.可靠度驗證---設計階段MTBF預估試驗

固定時間試驗法

3: 假設一產品樣品測試時間為5000小時,取5樣品測試,發生1個樣品失效在第3000小時,試計算出90%信賴水準之MTBF值。

固定時間泛指數模式(GEM)抽樣表

信賴水準	允 許 失 效 數(r)										
100γ%	0	1	2	3	4	5	6	7	8	9	10
95	2.9957	4.7439	6.2958	7.7537	9.1535	10.5130	11.8424	13.1481	14.4347	15.7052	16.9622
90	2.3026	3.8897	5.3223	6.6808	7.9936	9.2747	10.5321	11.7709	12.9947	14.2860	15.4066

查 GME表中90% ,1個失效時之T.R 為3.8897

MTBF(平均失效間隔) = 總測試時間/T.R(試驗比)
$$= 23000/3.8897 = 5913 \text{ 小時}$$
總測試時間= 4×5000+3000 =23000小時

練習3: 假設一產品樣品測試時間為4000小時 ,取10樣品測試,發生3個失效,其個別失效時間發生於1000 & 2300 & 3800小時,試計算出90%信賴水準之MTBF值。

解答在下頁

9.可靠度驗證---設計階段MTBF預估試驗

固定時間試驗法

練習1解答:

總測試時間= MTBF × T.R (試驗比)

依據要求的信賴水準及失效數查表得出T.R比後再計算應測試時間

r (失效數)	T.R(試驗比)	應測試時間
0	2.9957	4000×2.9957= 11983 hrs
1	4.7439	4000×4.7439= 18976 hrs
2	6.2958	4000×6.2958= 25183 hrs
3	7.7537	4000×7.7537= 31015 hrs

練習2解答:

MTBF(平均失效間隔) = 總測試時間/T.R = 20000/7.7537

$\qquad$ = 2579.4 小時

MTBF 5000小時 = 總測試時間/ 7.7537

$\quad$ 總測試時間 = 5000小時 × 7.7537 = 38769 小時

$\quad$ 已經測試了 20000小時, 故 38769-20000= 18769 小時

$\quad$ 所以如果繼續再進行18769小時的試驗沒有再發生

$\quad$ 失效的話,則產品可達到5000小時 MTBF。

9.可靠度驗證---設計階段MTBF預估試驗

固定時間試驗法

練習3解答:

MTBF(平均失效間隔) = 總測試時間/T.R(試驗比)

= 35100/6.6808 = 5254.8 小時

總測試時間=7×4000+(1000+2300+3800) =35100小時

10.MTBF驗證加速模式-----Martin Marietta Model

- Martin Marietta Model
- 由Martin Marietta Model公司根據複合模式發展出類似的加速模式，其考量的加速變數為高溫、高電壓及濕度

$$AF = \frac{m_U}{m_A} = (\frac{V_A}{V_U})^3 \times 2^{(\frac{T_A - T_U}{10})}$$

V_A = 加速電壓值

V_U = 操作電壓值

T_A = 加速溫度

T_U = 操作溫度

T (總測試時間) = n (樣品數) × t (樣品測試時間) ×

AF (加速因子)

10.MTBF驗證加速模式-----Martin Marietta Model

1.假設有一新LCM 零件欲承認,其MTBF為10000小時,廠商只

提供5個樣品, 試依照此零件之規格擬出90%信賴水準及

0失效(T.R=2.3026)之MTBF驗證 加速計畫。

規格: 一般操作環境25℃, 最大操作溫度50℃

輸入電壓規格5±2V, 加速電壓 7V

解: T(總測試時間)= 10000×2.3026 = 23026 小時

t (樣品測試時間) = T (總測試時間)/ n (樣品數) ×

AF (加速因子)

23026小時/5個樣品 = 4605小時/個---------- 一般模式每個

樣品試驗時間

4605/ 15.5(A.F) = 297 小時/個---------加速模式單樣品測試時間

加速因子計算

Martin Marietta Model

$$AF = \frac{m_U}{m_A} = (\frac{V_A}{V_U})^3 \times 2^{(\frac{T_A - T_U}{10})}$$

V_A = 加速電壓值

V_U = 操作電壓值

T_A = 加速溫度

T_U = 操作溫度

AF= $(\frac{7V}{5V})^3 \times 2^{(\frac{50-25}{10})}$ = 2.74 × 5.66 = 15.5

10.MTBF驗證加速模式-----Martin Marietta Model

練習1: 假設有一驅動馬達部品欲零件承認,其MTBF為4000小時,
廠商只提供3個樣品, 試依照此零件之規格擬出90%信賴
水準及0失效(T.R=2.3026)之MTBF驗證加速計畫。

規格: 一般操作環境25℃, 最大環境操作溫度50℃

一般操作電壓規格12V, 以15V為加速電壓

解答:

T(總測試時間)= 4000×2.3026 = 9210 小時

t (樣品測試時間) = T (總測試時間)/ n (樣品數) × AF (加速因子)

9210小時/3個樣品 = 3070小時/個---------- 一般模式每個樣品試驗
時間

3070/ 11(A.F) = 279 小時/個---------加速模式單樣品測試時間

加速因子計算

Martin Marietta Model

$$AF= (\frac{15V}{12V})^3 \times 2^{(\frac{50-25}{10})} = 1.95 \times 5.66 = 11$$

10.MTBF驗證加速模式-----Arrhenious Model

■ The Arrhenious Model (阿氏模式)

加速因子 $A_F = \exp[\frac{E_A}{K}(\frac{1}{T_u} - \frac{1}{T_A})]$ --------以絕對溫度計算

E_A 活化能 (Activation Energy)

波茲曼常數(Boltzmans Constant) K = 8.617×10^{-5} ev/°K

※一般電子產品早夭失效期 Ea=0.2~0.6eV, 正常有用失效期
之Ea 趨近於1.0eV, 衰老失效期 Ea大於1.0eV。
※依據Compaq 可靠度工程的測試規範,Ea是機台所有零件
Ea的平均,如果新機種的Ea無法計算時,可以將Ea設定0.67eV,
做常數處理。目前為止DELL,HP,Motorola……等產品也是依
此設定。

■ Combination Model (複合模式)

$$AF = \exp\left[\left(\frac{Ea}{K}\right) * \left(\frac{1}{Tu} - \frac{1}{Ts}\right)\right] * \exp[\beta * (Vstress - Vuse)/Vuse]$$

β: 電壓加速常數(0.5 ≦ β ≦ 1.0,根據不同失效原理,默認值為1.0)
Vstress : 加速電壓
Vuse : 正常操作電壓
T(絕對溫度) = temp + 273°

10.MTBF驗證加速模式-----Arrhenious Model

「活化能 (Ea)」，活化能它是一個化學名詞，用來定義一個化學反應的發生所需要克服的能量障礙。活化能可以用於表示一個化學反應發生所需要的最小能量，因此活化能越高，反應越難進行。單位是千焦耳每摩爾（kJ/mol）。 在許多的經驗累積中，將其相關電子 類產品的失效機制歸納，並求得該產品的活化能如下表：

失效機制

失效機制 Failure Mechanism	Ea[eV]
絕緣破壞 Dielectric breakdown	0.3 to 0.6
擴散失敗 Diffusion failure	0.5
電解—屬蝕 Corrosion—electrolysis	0.3 to 0.6
電化學—屬蝕 Corrosion—chemical and galvanic	0.6 to 0.7
電子遷移 Electro—migration	0.5 to 1.2
電荷損失 Charge loss (MOS/EPROM)	0.8
離子汙染 Ionic contamination	1.0
在氧化矽表面的電荷積累 Surface charge accumulation in silicon oxide	1.0 to 1.05
鋁穿透矽 Aluminum penetration silicon	1.4 to 1.6

10.MTBF驗證加速模式-----The Arrhenious Model

1: 假設有一新LCM 零件欲承認,其MTBF為10000小時,廠商只
   提供5個樣品, 試依照此零件之規格擬出90%信賴水準及
   0失效(T.R=2.3026)之MTBF驗證加速計畫.
   規格: 一般操作環境溫度25℃, 最大操作溫度50℃
          輸入電壓規格5±2V , 加速電壓 7V

$$AF = \exp\left[\left(\frac{Ea}{K}\right) * \left(\frac{1}{Tu} - \frac{1}{Ts}\right)\right] * \exp[\beta * (Vstress - Vuse)/Vuse]$$

波茲曼常數(Boltzmans Constant) K = 8.617 $\times 10^{-5}$ev/˚K

解答:

T(總測試時間) = 10000*2.3026 = 23026 小時

t (樣品測試時間) = T (總測試時間)/ n (樣品數) × AF (加速因子)

23026小時/5個樣品 = 4605小時/個(一般模式每個樣品試驗時間)

4605/ 11.24(A.F) = 410 小時/個(加速模式單樣品測試時間)

加速因子計算Arrhenious Model

$AF = \exp[\frac{0.67}{8.617*10^{-5}} \times (\frac{1}{273+25} - \frac{1}{273+50})] \times \exp[\beta \times (7V - 5V/5V)$

$\quad = \exp(7775.3 \times 2.6\times10^{-4}) \times \exp 0.4 = 7.55 \times 1.49 = 11.24$

10.MTBF驗證加速模式----The Arrhenious Model

練習1: 假設有一驅動馬達部品欲零件承認,其MTBF為4000小時,
廠商只提供3個樣品, 試依照此零件之規格擬出90%信賴
水準及0失效(T.R=2.3026)之MTBF驗證加速計畫。

規格: 一般操作環境25℃, 最大環境操作溫度50℃

一般操作電壓規格12V, 以15V為加速電壓

波茲曼常數(Boltzmans Constant) K = 8.617 × 10^{-5}ev/°K

解答:

T(總測試時間)= 4000×2.3026 = 9210 小時

t (樣品測試時間) = T (總測試時間)/ n (樣品數) × AF (加速因子)

9210小時/3個樣品 = 3070小時/個---------- 一般模式每個樣品試
驗時間

3070/ 9.66(A.F) = 318 小時/個---------加速模式單樣品測試時間

加速因子計算

Arrhenious Model

$AF = \exp[\frac{0.67}{8.617 * 10^{-5}} \times (\frac{1}{273+25} - \frac{1}{273+50})] \times \exp[\beta \times (15V - 12V/12V)$

$= \exp(7775.3 \times 2.6 \times 10^{-4}) \times \exp 0.25 = 7.55 \times 1.28 = 9.66$

11.生產階段MTBF驗證 (On-going Reliability Test)

1. MIL-STD-781C IC,IIC,IIIC,IVC,VC,VIC,VIIC,VIIIC 共有8種逐次抽樣計畫(可參考"可靠度設計驗證與生產允收試驗—指數分配",品質管制 學會發行的黃色本),**如客戶有指定計畫時。**

2. GEM Table (指數分配模式)抽樣計畫,無客戶指定時,可使用此計畫,**一般設定允收信賴水準為90%,拒收水準為10%。**

例1.假設客戶要求MTBF值必須至少90%信賴水準,而且認為若MTBF只有10%信賴水準以下時應為拒收,試建立一逐次抽樣計畫。

固定時間迄指數模式(GEM)抽樣表

信賴水準 100γ%	允 許 失 效 數(r)										
	0	1	2	3	4	5	6	7	8	9	10
95	2.9957	4.7439	6.2958	7.7537	9.1535	10.5130	11.8424	13.1481	14.4347	15.7052	16.9622
90	2.3026	3.8897	5.3223	6.6808	7.9936	9.2747	10.5321	11.7709	12.9947	14.2860	15.4066
10	0.1054	0.5325	1.1028	1.7450	2.4328	3.1518	3.8948	4.6561	5.4325	6.2213	7.0288

解1. 先查出GEM 表中的90% & 10% 個失效數的T.R 如上表。

解2. 列出GEM 表中的90% & 10% 個失效數的T.R如下計畫表

總測試時間 = MTBF × 失效數試驗比

11.生產階段MTBF驗證 (On-going Reliability Test)

90% 信賴水準		10%信賴水準	
r (失效數)	R. (試驗比)	(失效數)	T.R. (試驗比)
0	2.306	失效0不可拒收	
1	3.8897	1	0.5325
2	5.3223	2	1.1028
3	6.6808	3	1.745
4	7.9936	4	2.4328
5	9.2747	5	3.1518
6	10.5321	6	3.8948
7	11.7709	7	4.6561
8	12.9947	8	5.4325
9	14.286	9	6.2213
10	15.4066	10	7.0288

解3. 依解2之90% & 10% 之數據繪出逐次抽樣計畫圖表。

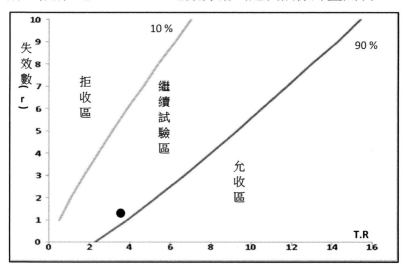

解4. 驗證每批產品後統計每批抽樣測試時間後換算T.R.值後標記(如圖中原點標示方式)於圖表中適當位置並判定。

11.生產階段MTBF驗證 (On-going Reliability Test)

練習2.假設某一MTBF 4000小時的電子馬達,客戶要求MTBF值
必須至少90%信賴水準,而且要求40%信賴水準以下時應
為拒收,試建立一 逐次抽樣計畫。

(90% & 40% 信賴水準T.R 如下)

固定時間泛指數模式(GEM)抽樣表

信賴水準 100γ%	允 許 失 效 數(r)										
	0	1	2	3	4	5	6	7	8	9	10
95	2.9957	4.7439	6.2958	7.7537	9.1535	10.5130	11.8424	13.1481	14.4347	15.7052	16.9622
90	2.3026	3.8897	5.3223	6.6808	7.9936	9.2747	10.5321	11.7709	12.9947	14.2860	15.4066
40	0.5110	1.3765	2.2850	3.2114	4.1476	5.0910	6.0392	6.9914	7.9466	8.9044	9.8644

解答在下頁

11.生產階段MTBF驗證 (On-going Reliability Test)

練習2解答1:

列出GBM 表中的90% & 40% 個失效數的T.R。

(單純只以T.R 比,擬出抽樣試驗計畫)

90% 信賴水準		40%信賴水準	
r (失效數)	R. (試驗比)	(失效數)	T.R. (試驗比)
0	2.3060	失效0不可拒收	
1	3.8897	1	1.3765
2	5.3223	2	2.2850
3	6.6808	3	3.2114
4	7.9936	4	4.1476
5	9.2747	5	5.0910
6	10.5321	6	6.0392
7	11.7709	7	6.9914
8	12.9947	8	7.9466
9	14.2860	9	8.9044
10	15.4066	10	9.8644

依前頁計算出之90% & 40% 之T.R比數據繪出如下逐次
抽樣計畫圖表。

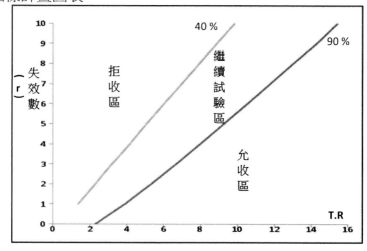

11.生產階段MTBF驗證 (On-going Reliability Test)

練習2解答2:

首先依MTBF4000小時及不同信賴水準T.R計算出其測試
時間(將MTBF值與T.R比相乘後計算出個失效時所需測試
時間繪製出抽樣試驗計畫)

r (失效數)	90% 信賴水準 R. (試驗比)	(失效數)	40%信賴水準 T.R. (試驗比)
0	4000×2.306	失效0不可拒收	
1	4000×3.8897	1	4000×1.3765
2	4000×5.3223	2	4000×2.285
3	6.6808	3	4000×3.2114
4	7.9936	4	4.1476
5	9.2747	5	5.0910
6	10.5321	6	6.0392
7	11.7709	7	6.9914
8	12.9947	8	7.9466
9	14.2860	9	8.9044
10	15.4066	10	9.8644

依前90% & 40% 計算出之個失效數的應測試時間,繪出如下
逐次抽樣計畫圖表。

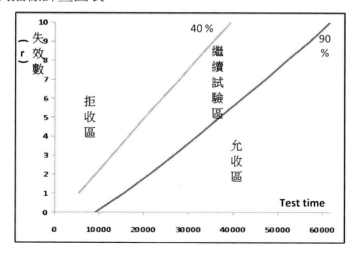

十、FMEA淺論
Failure Modes and
Effects Analysis
(失效模式效應分析)

History
FMEA: Failure Mode and Effects Analysis
FMECA: Failure Mode, Effects and Critical Analysis

➤ 1950年，美國Grumman飛機公司首先將FMEA應用於飛機主操縱系統的失效分析。
➤ 60年代初期，美國NASA將FMECA應用於太空計畫。
➤ 1974年，美國軍方出版MIL-STD-1629規定FMECA之作業程序。
➤ 1980年，MIL-STD-1629A。
➤ 1985年，IEC 812。
➤ 1993年，Ford, Chrysler, General Motor共同完成「FMEA參考手冊」。

概念

➤ FMEA (Failure modes and effects analysis)
 – 是一有系統的分析方式，用以找出潛在的「失效」。
 – 目標放在預防「失效」的發生。
 – 對顧客來說，希望最小化失誤的機率。
➤ FMEA的方法論
 – 是一以「失效」為討論重點的可靠度分析技術。
 – 利用表格方式進行工程分析。

目的

➤ 期望能儘早發現：(1)潛在的失效，(2)失效之影響程度，
　　　　　　　　　(3)造成失效的原因。
➤ 謀求解決之道(預防 or 矯正)，以避免失效之發生或降低其發生時之影響。

未雨綢繆
風險管理

FMEA近來之應用

➢ Concept FMEA (概念設計)
➢ Design FMEA (產品設計)
➢ Process FMEA (製程設計)
➢ Service FMEA (服務設計)
➢ Program FMEA (程式設計)

   FMEA早期使用於航太工業，近來有使用於汽車業、
   製藥業等。

FMEA 推行計畫

➢ 組成FMEA團隊
➢ 蒐集相關的資料
   ☐ 產品設計、製造過程、使用與維修、環境等方面的資料
➢ 決定FMEA的執行方式
   ☐ 表格形式
   ☐ 分析的範圍(或最低層次)
   ☐ 失效定義
   ☐ 評估的基準
   ☐ 與其他管理計畫之整合
   ☐ 實施時機/審查時程

FMEA 執行步驟

1. 建立一跨部門的小組，並充分瞭解主題

➢ 所謂三個臭皮匠勝過一個諸葛亮,FMEA不是由單靠一個人做出來的,必須召集相關專業熟悉主題的人一起參與及腦力激盪。

➢ 一般在做FMEA時會相關到分析及對策導入的部分, 所以最好有其他部門的人參與。
例如工程部門熟悉生產系統,而品保/品管人員熟悉品質管理系統……等。

➢ 總言之有不同專業的部門一起參與,能讓結果較客觀並且Cover面比較廣,減少遺漏。

2. 列出所有潛在的失效模式

➢ 所謂的失效模式簡單來說就是不良發生,也就是結果與規格或計畫的或規劃的或期待的不符合,稱之為不良。

➢ 不良類別可分為程序、功能、外觀、材料/零件、情境……等。例:IQC漏檢、LCD無顯示、馬達不轉……等。

3. 評估潛在失效模式之影響

➢ 意思就是不良發生所導致的結果為何? 例如:客戶抱怨、車子不能動、冰箱不冷、規格不符、無法出貨……等。

FMEA 執行步驟

4. 評估嚴重程度
➤ 嚴重度等級區分的愈細愈好,才能明顯區分項目與項目之間重要性,當對策優先順序或是必要性與否之判定依據。

5. 檢視失效模式的潛在原因
➤ 原因分析是非常重要的,因為必須要分析出是真因才有可能擬定出正確方向的對策,且有些原因分析是需要由專業技術人員才能做的,所以原因分析正確的話,FMEA就成功一半了。

6. 評估發生的頻率
➤ 意思指失效每間隔多久發生一次,或是多少數量中發生失效的次數發生機率……等,作為風險判定依據。

7. 評估偵測度(檢出力)
➤ 意思指該失效於現有的生產品質管理系統過程中可被發現的難易度,預防讓其在客戶端發生失效。
  • 例如:失效/不良可在IQC或製程檢驗或是出貨檢驗可被檢驗出來,或是都無法被檢出。

8. 計算每一失效模式之RPN (Risk Priority Number)
➤ 依照風險順序公式如下
嚴重程度分數 × 發生頻率分數 × 檢出力分數, 然後計算出其總分。

FMEA 執行步驟

9. 建議行動
- ➤ 意思指針對失效不良的原因擬定矯正預防發生的對策,對策在整個FMEA環節中是非常重要的,如果因為對策方向偏頗而導致對策產生無效結果的話,那就等於FMEA是失敗的,所以有一點必須要注意的就是於對策前務必確認原因是真因後才進行對策為佳。

10. 執行改善建議並重新評估RPN
- ➤ 意思指矯正對策導入後,再重新評估一次重要度和發生頻率和檢出力的風險分數,並計算風險總評分,照理說失效不良經過矯正對策後風險評分會降低,代表矯正對策有效,才是正確的FMEA結果.故所謂的矯正改善對策,其主要就是改善預想失效不良的發生頻率/機率和檢出力,預防產品發生失效不良。

※ 列表格式太常分割為兩段表示

範例格式

No.	失效模式			失效原因		檢測/驗證		
項目/功能/製程/流程/工序/要求/目的	潛在失效模式	失效的潛在後果	嚴重性	失效的潛在要因	發生率	現行控制預防	檢證方式	檢出率

處理/對策			改善結果				
RPN	建議改善措施	負責人及完成日期	改善措施導入日期	嚴重性	發生率	檢出率	RPN

S、O、D與風險率間的關係

Rate	Severity	Occurrence	Detection	Result
1	不嚴重	可能性小	可測出	最好
2				
3				
4				
5				
6				
7				
8				
9				
10	嚴重	必然發生	不可測出	最差

嚴重性(Severity)定義

嚴重性定義可依團隊討論後制定下來,其定義可能依主題性質不一樣而有所不同,所以我除了"功能性程度"另外再舉例3種做為參考,各行各業可依其需求發揮,FMEA是可被廣泛應用的。

且定義的等級數也是依需求制訂,不一定區分為10等級,如下範例有兩種1~5方式區分為5級也可。

評點		功能性程度定義	缺點性定義	情緒性	感官性
1	1	使用無影響	完全無缺點	完全不在意	完全無感覺
2	1	使用影響非常輕微	非常輕微缺點,無影響	可能不會注意到	輕微有感覺,不確定
3	2	使用有輕微影響	輕微缺點,無影響	有時會注意到,但不影響	確定有輕微感覺
4	2	使用有影響並不重要	小缺點,無影響	常常會注意到,有點介意	有確實距離感覺
5	3	使用有中度影響	小缺點,有影響	不太喜歡的感覺	感覺有點不舒服
6	3	使用有重要的影響	中缺點,不須維修更換	討厭的感覺	感覺不舒服,可忍受
7	4	使用有重大的影響	中缺點,需須維修更換	會有點生氣	感覺不舒服,不可忍受
8	4	使用重大的影響;無法使用	重缺點,可維修	常常生氣	非常不舒服
9	5	使用有潛在危險;無法使用	重缺點,不可維修	看到就超生氣	可能有危險
10	5	可能發生危險;不符合政府安全法規	致命缺點,安全缺點	想丟,毀,殺了它	會致命

發生頻度(Occurrence)定義

發生率的定義可依團隊討論後制定下來,其定義可能依主題性質不一樣而有所不同的表現方式,且定義的等級數也是依需求制訂,不一定區分為10等級,參考如下範例。

評點		發生率	不良率	Cpk	發生次數
1	1	幾乎不會發生	≦ 100 ppm	≧ 1.67	≦ 1次/年
2	1	微小機會	≦ 500 ppm	≧ 1.50	≦ 3次/年
3	2	非常小	≦ 1000 ppm	≧ 1.33	≦ 5次/年
4	2	小	≦ 3000 ppm	≧ 1.17	≦ 10次/年
5	3	低	≦ 5000 ppm	≧ 1.00	≦ 15次/年
6	3	中度	≦ 7000 ppm	≧ 0.83	≦ 30次/年
7	4	中高	≦ 9000 ppm	≧ 0.67	≦ 50次/年
8	4	高	≦ 10000 ppm	≧ 0.51	≦ 100次/年
9	5	非常高	≦ 15000 ppm	≧ 0.33	≦ 200次/年
10	5	幾乎一定	≧ 15000 ppm	< 0.33	≧ 200次/年

檢出力 (Detection)定義

檢出力的定義可依團隊討論後制定下來,其定義可能依主題性質不一樣而有所不同的表現方式,且定義的等級數也是依需求制訂,不一定區分為10等級,參考如下範例。

評點		檢出力	明顯度
1	1	入料時可檢出	100%可以發現
2	1	組裝時可100%檢出	
3	2	生產測試時可100檢出	稍微看一下就可發現
4	2	出貨前可100%檢出	
5	3	檢出可能性很高	要注視才能發現
6	3	檢出可能性高	
7	4	檢出可能性中	注視也很難發現
8	4	檢出可能性低	
9	5	檢出可性非常低	不可能發現
10	5	不可能檢出	

RPN (Risk Priority Number)定義

RPN 計算公式 = 嚴重性(Severity) × 發生頻度(Occurrence) ×
檢出力(Detection)

※ RPN主要目的是要對失效模式進行排序，而不是要針對
某一失效來定義一非常精確的計量值。

1. 考慮嚴重度、RPN、可用資源，建立行動計畫來降低RPN。
2. 如果RPN > threshold(門檻)，應採某些行動。
3. 如果嚴重度 > 7，應開始某些行動。
4. 也可基於經濟因素的考量來採取行動。
5. 針對具有最高RPN之失效模式(或必須處理的失效模式)，
使用Error-Proofing(防呆)的方法來降低其風險。
6. 改變或修改設計來降低S、O、D。
7. 為每一行動指派負責人、預定完成日期。
8. 跟催/評估行動結果，重新計算RPN。
9. 將分析結果填入FMEA表格中。
10. 撰寫報告。

範例

房屋建築: 原PRN 144分 改善後為16分 , 風險大幅降低。

項目	Failure			Cause		Detection			Action			Action Results				
	失效模式	失效效應	嚴重度	失效原因	發生度	現行的管制措施	偵測度	風險係數	建議改正措施	負責部門與完成日期		已採取的行動	嚴重度	發生度	偵測度	風險係數
1 房子本身結構	房子建材不良 ⋮	鋼骨結構容易腐蝕、房屋容易歪斜或傾倒	8	建材偷工減料,使用列等品	3	現行由建商管制	6	144	調閱使用建材使用證明,並尋求專業技師鑑定房屋材質			交屋前做好相關檢測工作	8	1	2	16

影印機設計: 原PRN 378分 改善後為9分 , 風險大幅降低。

No.	失效模式			失效原因		檢測驗證		
項目/功能/製程/流程/工序/要求/目的	潛在失效模式	失效的潛在後果	嚴重性	失效的潛在要因	發生率	現行控制預防	檢證方式	檢出率
確保影印品質	夾紙率偏高	客戶退貨	9	送紙滾輪裝反	6	滾輪外觀有標示	印20張	7

處理/對策			改善結果				
RPN	建議改善措施	負責人及完成日期	改善措施導入日期	嚴重性	發生率	檢出率	RPN
378	改變設計為滾輪裝反時無法組裝	王小明, 3/06	3/20	9	1	1	9

範例

手機生產測試: 原PRN 243分 改善後為 27分 ，風險大幅降低。

No.	失效模式			失效原因		檢測/驗證		
項目/功能/製程/流程/工序/要求/目的	潛在失效模式	失效的潛在後果	嚴重性	失效的潛在要因	發生率	現行控制預防	檢證方式	檢出率
生產線藍芽測試站	8公尺有效距離內無法連接	客戶抱怨及退貨	9	藍芽模組功能不良	3	生產線100%測試	測試距離5公尺	9

處理/對策			改善結果				
RPN	建議改善措施	負責人及完成日期	改善措施導入日期	嚴重性	發生率	檢出率	RPN
243	將測試距離修改為8公尺	王小明, 3/06	3/20	9	3	1	27

結婚生活: 原PRN 400分 改善後為 100分 ，風險大幅降低。

No.	失效模式			失效原因		檢測/驗證		
項目/功能/製程/流程/工序/要求/目的	潛在失效模式	失效的潛在後果	嚴重性	失效的潛在要因	發生率	現行控制預防	檢證方式	檢出率
結婚後幸福美滿	吵架	離婚	10	意見不合	8	辯駁	察言觀色	5

處理/對策			改善結果				
RPN	建議改善措施	負責人及完成日期	改善措施導入日期	嚴重性	發生率	檢出率	RPN
400	轉話題,當面認錯,立即安撫	王曉明, 2/16	3/1	5	4	5	100

範例

塑膠射出製程品質風險管理

塑膠公司　　　　　PFMEA表

FMEA NO：　　　製程名稱：　　　產品名稱：　　　品名：

負責人：　FMEA日期(製定)：　修訂：

RPN≥250時，跨功能小組應提出矯正措施並追縱其有效性

製程功能或要求	潛在失效模式	失效的潛在效果	嚴重性 S	失效的潛在起因與機制	發生性 O	製程管制	偵測性 D	RPN值	建議改善措施	負責人員與日期	措施改善情形	嚴重性 S	發生性 O	偵測性 D	RPN值
人料檢驗(塑膠粒)	色差不符	色差超過標準	4	塑膠粒來料不良	1	原材料入庫檢驗書	5	20							
人料檢驗(塑膠粒)	MFI超標	塑膠部件結構脆化	7	塑膠粒來料不良	3	原材料入庫檢驗書	5	105							
模具審損	模具缺陷報廢處理	塑膠射出成品尺寸超標變形結構	7	模具維護保養失效	4	模具保養至準書	5	140							
主重工產	射出條件調整，調重做台重置模具	光澤色差不符	4	模具溫度設定調整	2	主重工證至準書	8	64							
外觀檢查	目檢動作不規範，標準未規定	客戶重複投訴外觀不良須重工	4	人員訓練成效不佳、檢驗標準不清楚	3	檢查至準書	8	96							
包裝數量錯誤	數量短缺	入裝數量偏器	4	包裝數量點檢不確實	5	包裝式樣書	8	160	1.導入人包裝稱重機制 2.減少單箱包裝數量		1.已導入人 2.部份執行	4	2	6	48

254

範例

旅遊時間管理風險:原PRN 80分 改善後為 5分 ，風險大幅降低。

No.	失效模式			失效原因		檢測/驗證		
項目/功能/製程/流程/工序/要求/目的	潛在失效模式	失效的潛在後果	嚴重性	失效的潛在要因	發生率	現行控制預防	檢證方式	檢出率
準時搭飛機日本旅遊	趕不及飛機	被分手	5	自己睡過頭,媽媽忘了叫起床	4	媽媽叫起床	前一天跟媽媽說好時間	4

處理/對策			改善結果				
RPN	建議改善措施	負責人及完成日期	改善措施導入日期	嚴重性	發生率	檢出率	RPN
80	自己設定鬧鐘	王曉明, 2/16	2/16	5	1	1	5

經過前面數個範例之後,我想各位應該對FEMA有比較清楚了,趁還熱著試看看用以下的表格套用公司的產品看看吧! 加油! 加油!

No.	失效模式			失效原因		檢測/驗證		
項目/功能/製程/流程/工序/要求/目的	潛在失效模式	失效的潛在後果	嚴重性	失效的潛在要因	發生率	現行控制預防	檢證方式	檢出率

處理/對策			改善結果				
RPN	建議改善措施	負責人及完成日期	改善措施導入日期	嚴重性	發生率	檢出率	RPN

十一、安規基礎認知

一.安規簡介

1.定義

為了保證人身安全,財產,環境等不受傷害和損失,所做出的規定。

2.安規所涉及的要求

A.防電擊　B.火災　C.電磁輻射危險　D.溫度過高危險

E.化學危險　F.機械危險

3.世界主要安規體系

A.IEC(International Electro Technical Commission)體系----歐盟為代表 (國際電工委員會)。

B.UL體系(Underwriters Laboratories Inc)---- 以美國為代表 (保險商試驗室)儘管這兩個體系各自獨立,但現在有互相承認,走向一致的趨勢。

4.安規認證

安規認證其實是一種技術壁壘,世界各國為了限制別國的產品進入本國,都對安規有不同要求,而且是帶有強制性的。

常見的安規認證如下:

A.UL─美國　　B.TUV,VDE,GS─德國　　C.CCC─中國

D.PSE─日本　　E.CE─歐盟　　F.KETI─韓國

G.Demko ─ 丹麥　　H.Nemko ─ 挪威　I.Fimeko ─芬蘭

J.Semko ─ 瑞典

另外,還有澳大利亞、新西蘭、新加坡……等。

二.安規認證申請程序

1.向認證機構提交申請文件。

2.認證機構接受申請並給予回復。

3.提供樣品及產品資料給認證機構。

4.審核樣品及資料, 並按排測試。

5.測試通過后,認證機構會通知進行IPI首次工廠檢查。
  (如果是第一次申請認證則需要)

6.IPI(Initial Production Inspection) 通過后, 認證機構頒發證書,申請者可以在產品上使用SAFETY MARK(安規標識),不管每個材料、零件、部品、成品都會有一個安規號碼。

定期工廠檢查

1.一般UL規定每年工廠檢查四次,認證產品生產線確認檢查;不定期, 不事先通知的。

2.TUV每年一次, 主要稽核工廠品質系統以及認證產品一致性 。

3.CCC每年一次, 由於CCC證書的有效期是靠每年的廠檢來維持的,主要稽核工廠品質系統以及認證產品一致性。

4.Nemko挪威工廠檢查, 每年一次 。

三.安規基本要求

1.耐壓(抗電強度)—防止電擊傷害。

2.絕緣電阻—防止電擊傷害。

3.接地電阻—防止電擊傷害。

4.洩漏電流—防止電擊傷害。

5.電磁兼容—抗電磁干擾能力和對其他電子產品的影響。

6.耐火阻然—防止火災危險。

7.機械結構—防止機械結構缺陷引起的損傷、灼傷……等。

四.產品安規製程要求

　耐壓—主要考量產品在異常高壓下,絕緣系統的承受能力,工作電壓低於50V,一般不進行 耐壓測試。

　耐壓一般與產品的工作電壓有關。

　通常用的計算公式:

　1)交流:1000+2×額定工作電壓

　2)直流:(1000+2×額定工作電壓)×1.4

　以上是普通絕緣用的試驗電壓,如果是雙重絕緣,則試驗電壓為普通的2倍。

　如果計算出來的結果不是100的整數倍,則取大不取小。

四.產品安規製程要求

例:

A. 額定工作電壓為220V,普通絕緣的試驗電壓為

交流:1000+2×220=1440V,此時試驗電壓應當取1500V,而不是採用四捨五入。

B. 洩漏電流的設定

一般設定為5~10mA,最大不超過100mA,根據不同的行業有不同的要求,如醫療器械的洩漏電流一般為1mA。

C.測試時間的設定

1.一般試驗設定為1分鐘,產線上可考慮縮短。**一般爬升時間不得低於1秒**.縮短測試時間時,應採用更高的試驗電壓.

根據UL的規定,可以有如下關係轉換:

交流:(1000V+ 2 × 額定工作電壓) × 1.2

直流:(1000V+2 × 額定工作電壓) × 1.4 × 1.2

2.絕緣電阻—主要考量產品的絕緣性能**絕緣電阻的試驗電壓一般採用直流電壓**,通常採用500V,絕緣電阻不低於10M Ohm,測試時間一般也為1分鐘。如需縮短測試時間,可參照耐壓測試進行調整。

四.產品安規製程要求

3.洩漏電流─主要考量在最大工作電壓和最大工作電流的情況下,由於分布電容或絕緣特性引起的,向大地或可接觸介面洩漏的電流,這與產品的絕緣有關。

洩漏電流的最高限值一般為1mA。測試時間一般也為1分鐘。

電流作用下人體表現的特徵		
電流(mA)	50-60HZ 交流電	直流電
0.6-1.5	手指開始感覺麻刺	無感覺
2-3	手指感覺強烈麻刺	無感覺
5-7	手指感覺肌肉痙攣	感到灼熱和刺動
8-10	手指關節與手掌感覺痛,手已經難於脫離電源,但仍能脫離電源	灼熱增加
20-25	手指感覺劇痛,迅速麻痺,不能脫離電源,呼吸困難	灼熱更增,手的肌肉開始痙攣
50-80	呼吸麻痺,心室開始震顫	強烈灼痛,手的肌肉痙攣,呼吸困難
90-100	呼吸麻痺,持續3S或更長時間後心臟麻痺或心房停止跳動	呼吸麻痺
500以上	持續1S以上有死亡危險	呼吸麻痺,心室震顫,心跳停止

4.接地電阻─主要考量產品**發生絕緣崩潰**,或正常工作情況下**洩漏的電荷,能把這些電荷迅速導入大地的能力**,這屬於一種保護措施,這在沒有接地的產品中不做考量。

接地電阻要求越小越好,一般的單體接地電阻不允許大於0.1Ω,

系統接地總電阻不允許大於4 Ω,系統中接地點之間的連續性電阻不允許大於0.01Ω。

四.產品安規製程要求

4.1.生產製程導入

根據經驗,如果耐壓試驗通過,那絕緣電阻測試一般也會通過,但絕緣電阻試驗通過,但不能代表耐壓試驗也會通過。

在大規模生產的情況下,產線一般只要測試耐壓即可,絕緣電阻,洩漏電流和接地電阻只是在抽查時進行試驗。

5. 電磁相容現在已成為安規的一個極其重要的要求,許多國家以將其列為強制性項目,並且獨立開展電磁相容認證—EMC認證。

6.耐火阻燃

要求產品本身不能起火燃燒,在外界存在火源時可以一起燃燒,但一旦外界火源消失,產品應立即停止燃燒.現在電子產品通行的防火等級是採用UL94中的V-0。

7.機械結構傷害和熱傷害

電子產品在結構上存在缺陷,如鋒利的銳邊,尖角,毛刺容易造成人體的傷害,開孔過大或安全距離不夠容易觸及內部帶電的部件造成電擊傷害,防護措施不當造成動作部件傷害人體,散熱措施不當容易灼傷人體。

CCC認證規定,產品要進行定期確認檢驗,至少每年進行一次。

五.一般安規零件

電子產品常見的安規零部件

A. 保險絲　　B. 導線　　C. X電容和Y電容　　D. 高壓電容

E. 變壓器,電感　　F. 壓敏電阻　　G. 塑膠部件　　H. 絕緣隔離物

I. PCB板　　J. Model label或銘牌　　K. 警示標誌　　L. 光電耦合器

M. 外殼　　N. 散熱風扇……等。

六.安規管控

　　任一家安規認證機構,都會對獲得認證的產品開出一份安全關鍵件清單,安規認證機構會根據這份清單進行一致性檢查。安全關鍵件發生變更,必須向安規認證機構申請報備,只有在獲得批准認可後,才可變更,有時還必須重新送樣試驗,試驗通過後,才能正式變更。

263

七.各國安規標示

		美洲		亞洲		澳洲		共用
CE >5mm 歐盟	(mark)	TUV-GS 德國	(UL mark) I.T.E. POWER SUPPLY	UL/cUL 美/加	(CCC) A881878	CCC-PHC 中國	ⓔN136 (EMI)	C-Tick	(mark)
ENEC (by Nemko)	(mark)	Bauart 德國	(UL mark) CLASS 2 POWER SUPPLY	UL1310 美/加	(CCC) A880937	CCC-PHT 中國	Q XXXXX	SAA (Safety)	Double Insulation 雙重絕緣 - 2pin強制
Nemko 挪威	TUV/GS	TUV-P.S. 德國	(RU mark) E127643	UL/cUL 美/加	(CCC) A880885	CCC-PHTJ 中國	N XXXXX	DOFT (Safety)	(house mark)
Semko 瑞典	(mark)	IEC60950 共用	(CSA mark) LR59927 LEVEL 3	CSA 加拿大	(CQC)	CQC 中國	(mark)N136	RCM (EMI+Safty)	In Door Use Only 限屋內使用
Demko 丹麥	(mark)	UK Plug 英 港 新	NOM NYCE	NOM 墨西哥	SAFETY MARK XXXXXX - XX	PSB 新加坡	韓文最少需標示 1. 證書號碼		LPS
Fimko 芬蘭	eXX 02XXXX	e mark 車充用	(mark)	TUV-S 阿根廷	(K mark)	KXIL KIL 韓國	2. 製造廠名稱 3. 韓國代理商電話		Limited Power Source 符合時絕緣可用HB塑膠外殼
GOST-R 俄國	eXX	min. 8mm min. 4mm min. 2mm	(RW/S mark)	IRAM 阿根廷	PSE	PSE 日本	PSE 需包含 (VA值) 1. <PS E> mark		AC mark (~)
PCBC 波蘭	02XXXX	min. 2mm	(FC mark)	FCC 英國 EMI	PSE	JET JQA	2. 申請機構 JET,JQA,TUV 3. 日本代理商名稱		DC mark (---)
SABS 南非	不用標mak 否則需廢驗	SII 以色列	(mark) D33084	BSMI 台灣 EMI	(mark)	MITI 日本 old	VCI	VCCI 日本 EMI	DC輸出 內 + 外 -

264

十二、時間管理

寶貴的資產

➢ 人生最寶貴的兩項資產，一項是頭腦，一項是時間。無論你做什麼事情，即使不用腦子，也要花費時間。因此，管理時間的水準高低，會決定你事業和生活的成敗。

➢ 每個人就像在時間銀行開設的一個帳戶，將所有的時間提取完畢後會自動銷戶。時間是我們在世間唯一的資本，健康、事業、愛情、親情、友誼、金錢,這些寶貴的東西都需要我們通過精心經營時間來獲得。

設定明確的目標

➢ 時間管理的目的
- 將時間用在與目標相關的工作上。

➢ 目標
- 未來某個時間想要達到的一個特定,可以衡量的結果。
- 目標越明確、越可衡量，你越知道如何去找資源、找機會來完成它。

➢ 目標的種類
- 時間：短期、中期、人生。
- 對象：健康、家庭、工作、學習、公益、娛樂。

設定明確的目標

➤ 設定目標的方法：

　 −必須正確且適合自己

　　 ✓ 避免不可能達到的目標,尤其是針對短期目標,因為如連短期目標都無法達成的話,更別說是中期和長期目標了。例如:每天背5個英文單字和50個單字,難度是差很多的,事先必須了解自己的實力選擇合 適目標。

　 −寫下來

　　 ✓ 每天需要需要達成的目標最好是用小本子寫下來並記錄其達成的狀況,以避免忘記並養成習慣。

　 −經常思考與檢討

　　 ✓ 隨著周遭環境變化或有目標執行不符時,需要時常思考調整目標或是執行方法。

　 −尋求良師益友建議

　　 ✓ 在執行目標的過程中難免會遇有障礙或是困難時,可以與朋友討論建議。

　 −定下完成期限

　　 ✓ 設定好自己量力下可完成期限,就必須努力不顧一切達成。

設定遠大的人生目標

➢ 人生目標

−終身的事業目標。

−屬於自己的人生目標、配合自己的專長和興趣。

➢ 我的人生目標

−時間管理專家。（效率專家）

➢ 發覺並堅持自己專長和興趣

−Bill Gates中學寫電腦程式，一個暑假賺5000美金。

−NIKE創辦人Philip Knight 暑期工讀上晚班，每天早上跑七英里路回家。

−Polo 創辦人Ralph Lauren上初中時，別人穿皮夾克耍酷，他穿蘇格蘭呢的百慕達短褲，領尖有鈕釦的襯衫。

記錄你的生產時間

➢ 生產時間：用於與目標相關工作上的時間。

➢ 時間管理的目的。

➢ 生產時間的記錄：每天一個數字（簡單、有效）。

一定要擬訂每日計畫

➤ 若無每日計畫，你的一天活動將會由別人決定。

➤ 方法
- 在記事簿上寫下 3~6 項今天要完成的事項。
- 尚未開始工作前擬定。
- 不必訂下確定的時間。
- 要有一、兩項是和自己目標相關的事項。
- 持續。

時間的四個象限

➤ 重要並且緊急：它們是危機任務。

➤ 重要但不緊急：它們是新的機遇。

➤ 緊急但不重要：它們是日常事務。

➤ 既不緊急又不重要：它們是雜亂瑣事。

使用記事簿

➤ 記事簿是時間管理最重要的工具之一。

➤ 最適當的形式
- 6 孔活頁、7 吋或 5 吋長。

➤ 四大部份
- 通訊錄、每週行程、每日計畫、備忘錄。
- 自己發展適合你的記事簿。
- 所有資料記在記事簿上。
- 隨身攜帶。（查閱、記錄）

決不輕易 "遲到"

➤ 就業的Interview（提前半個小時）。

➤ 業務的Interview。

➤ 約會、上課。

➤ 上班、會議。

清理你的桌子

> 為何要整理桌子？
  - 縮短找東西的時間。
  - 容易分心。
  - 無法看出事情的優先順序。

> 方法：做分類（四類）工作
  - 待丟棄。
  - 待處理。
  - 待歸檔。
  - 待送出。（後三類放在三層文件架上）

> 辦公室的佈置
  - 桌上只放電話、檯燈、電腦鍵盤。
  - 桌上不要上放家人照片或飾品。
  - 不要使用桌墊。
  - 不要在自己辦公室內掛佈告欄。
  - 使用兩個垃圾桶。（長方形、A4紙箱）

[編號搜尋法] 整理檔案

> 為何整理不好？
  - 傳統的分類整理是錯誤的方法。

> 資訊不應分類的原因：
  - 可歸於多類。
  - 無法歸於任何一類。
  - 放錯類別。
  - 若採大分類仍無法解決問題。
  - 忘記文件屬於哪類。
  - 分類花時間。
  - 大多數歸檔檔不會再使用。

一氣呵成

➢ 分次處理的缺點。

➢ 寫作、寫報告要一氣呵成。

➢ 學習電腦一氣呵成。

➢ 養成一氣呵成的習慣。

➢ 事後獎勵。

時間預算表

➢ 即在時間使用記錄（半年/次）

➢ 做時間預算表

－ 60%有計劃的工作。

－ 20%沒有預期的行事。

－ 20%突發的行事。

➢ 預算/實際

－ 制作自己喜歡的事？

充分做好事前準備

➢ 事前準備——讓你計畫順利執行的先決條件。

➢ 出門前的檢查。

➢ 放假前應考慮周延。

➢ 如何避免「忘了帶」或「忘了事前準備」。

• 環境變換前考慮清楚。

• 想到立刻做。

• 想出「免記憶」的方法 。

跳出時間的陷阱 (六大陷阱)

➢ 過多的電話。

➢ 不必要的會議。

➢ 不速之客。

➢ 無意義的檔。

➢ 無能的部屬。

➢ 刁蠻的上司。

今日事、今日畢

- 大事行程表
  - 正在進行的計畫，尚未完成的事情。
- 每日行事曆
  - 一般例行事務，需帶回家解決（明天有明天的工作）。
  - 凡事"再一次"就會浪費了很多的時間。
- 今日不做，明天就後悔
  - 拖容易變困難。
  - 最後一分鐘。

每日工作預定表

- 一日之計在於昨夜。
- 必須做的事情，寫下來。
- 相關工作一併完成。
- 不作預定表以外的工作。

排定 Priority

- 艾森豪維爾原則

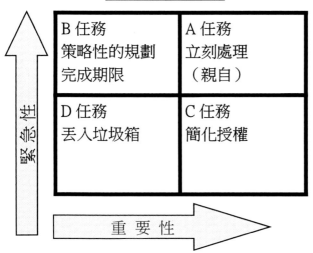

上班前的小動作

- ➤ Time and Motion Study
  (動作時間研究)
  - 穿襯衫。
    （從下而上，節省3秒）
  - 襪子/長褲。（先穿襪子再
    穿長褲，可節省5秒）
  - 配件放在一個盒子裡面。
    （鑰匙?）
- ➤ 透過時間的運用
  - 一條路線。
  - 計劃、聽廣播。

找出最佳生理時間

- ➤ 一日之計在於晨
  - 8:00以前,副荷爾蒙分泌最多。
  - 8:00-11:00 交感神經最緊張。
  - 午餐過後（小腸蠕動能力低）
- ➤ 一周之計在於二、三、四
  - 周一症候群,週末狂歡,周
    日睡大覺。
  - 周五症候,假期等待。
- ➤ 一年之計在於春
  - 春耕。

同時做兩、三件事情

- ➤ 同時做兩件事情
  - 刷牙、洗臉、洗澡/聽收音機。
  - 上廁所/看書。
  - 開車聽演講或者有聲音的錄
    音帶。
- ➤ 同時做三件事情
  - 走路健身、聽收音機學英語、
    上班。
- ➤ 人腦一次能處理7件事情。

沒定期限就不叫工作

- ➤ 設定期限（雙方共同協議）
- ➤ 交辦事項、定下期限,
  按時追蹤。
  - 指使、要求、命令——
    書面化。
  - 按時追蹤。
- ➤ 承辦事項、自定期限、
  限期前提報。
  - 主動提出進度報告。
  - 力有未逮時,馬上說出來。

沒有淘汰就不叫檔案管理

➢ 不作不必要的影印。

➢ 如果不見了會發生什麼樣的麻煩事？

➢ 如果不確定該不該"淘汰"？往垃圾箱丟吧。

➢ 檢查表

　• 有理化的工作和任務，節省時間。Ex 經常出國，則把必須做的工作列表、存檔，以後可以對照。

名片式的小卡

➢ 把Idea寫下來——實現第一步

　• 養成習慣。

　• 分類整理。

➢把腦中的Idea請出來入睡。

　• 睡前將腦中的事具體列出，會比較好睡。

➢隨身攜帶筆和卡片。

➢在家中其中重要的地方防止卡片盒子。

花錢買時間

➢ 雇傭他人做事

➢ 授權

　• 哪些項目？（挑戰性、值得做）

　• 哪個人？

➢ 看書評、看影評

➢ 聽演講。（正規的演講，有準備的演講，可以賺別人多倍的時間）

集合零碎時間做大事

➢ 化零為整

　• 25分鐘讀書法——25分/20頁/天×600頁/月＝24本書/年

　• 託福單字——60個/天×30天×3個月＝5400字

➢ 化整為零

　• 意大利臘腸法（Pizza由臘腸切割而來）

　• 8000 mile 長征

學習永不嫌晚

➤ 學歷是就業的敲門磚，升遷的墊腳石。
  - 只有博士有發言權。
  - 早一點接觸像樣的工作，良性迴圈。
➤ 自我升級
  - 高職—大專—碩士—博士。
  - 留職停薪公費留學。
➤ 學習永不嫌晚
  - 開放學習的勇氣。
  - 活到老、學到老。

生涯規劃

➤ 孔子：三十而立，四十而……。
  - 20－30：專業賺錢。
  - 30－40：靠人脈賺錢。
  - 40－50：靠錢賺錢。
➤ 如何在30歲以前財務獨立？
➤ 40歲以前成功？
➤ 如何活到100歲？

捨棄完美主義

➤ 有勝於無
➤ 追求完美——花錢/花時間
  - 完美的Golf球進洞杆數。（18杆18個洞）
  - Simen Marks——開除追求完美的人。
➤ 追求卓越>追求完美
  - 美國《獨立宣言》有錯別字。

金句良言

大多數人
將兩天可以完成
的事情
拖到兩星期
甚至一個月才
完成

一個人半年後
的成就
是完全可以
預知的
因為他不過是
達成自己的短
期目標而已

沒有目標
就像是開車沒有
目的地一樣
不管你開多快
你什麼地方都
去不了

可惜
大多數人因為
環境因素或短期利益
放棄自己的興趣
而平凡過一生

時間管理的
目的
就是
提高生產時間

如果
你沒有決定今天要
做什麼事
你什麼重要的事
都不會做

生產時間
決定
一切成就

使用記事本
讓你
專心一次
做一件事

如果你要
把一件容易的事
變得困難
只要一直拖延下去
就可以了

當你知道要
往何處去
世人都會
為你讓路

十三、管理者養成

一、何謂管理

➤ 管理就是管：人、事、料、法、環、設等主要項目。

➤ 設定計劃，並為達成此計劃的一切活動的過程。

➤ 做一名管理者每件事情需至少問3個為什麼，即可知道真相！

二、對管理的誤解

➤ 將管理當成「管制」、「限制」、「控制」。

➤ 將管理當成高階層或某些階層的事，並非全員參加。

➤ 欠缺全員教育。

➤ 將管理侷限於「打拚才會贏」，不重視方法。

➤ 將管理著重於「人治」，本位主義強。

三、管理活動的分類

➤ 管理活動-維持、改善。

➤ 維持是遵照標準從事工作，並針對結果的異常狀態，採取措施使其恢復正常(安定)狀態，使實力能穩定地發揮出來，此為管理活動的基本，若是異常現象不斷地發生，幹部整天忙著處理，是不太可能有什麼大改善的。

➤ 改善是打破現狀、改變做法、提高實力，將目標放在較現在水準高的地方。

➤ 不管是維持活動或改善活動，皆須轉動 PDCA管理循環，而且能自主性地轉動 PDCA。

三、管理活動的分類

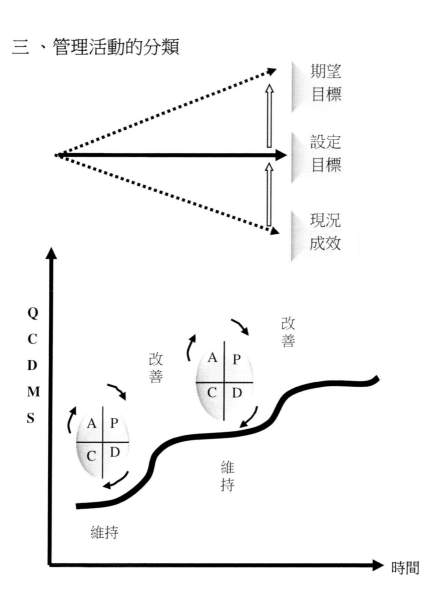

註: Quality(品質)、Cost(成本)、Delivery(交期)、Morale(士氣)、
Safety(安全)

四、P-D-C-A管理循環

(一).擬定計劃 (Plan)

P1：明確目的、目標
- 掌握顧客要求。
- 預測未來趨勢或條件的變化。
- 考量公司現狀、技術水準、製程能力。
- 明確方針、目的、目標值及管理基準值。

P2：決定達成目標的方法
- 究明因果關係，彙總、分析、判斷、掌握主要要因。
- 依重要要因，採多元決策或思考達成目標的方案。
- 多角度評估各方案，選定最適者。
- 擬訂計劃，以5W2H予以整合，並對「如何做」訂定相關標準。
- 訂計劃須讓相關人員參與。

(二).實施（Do）

D1：教育訓練
- 主管有教育部屬之責任。
- 避免命令、要求等強制性手段。
- 知其然、也知其所以然之宣導，以策動具責任及自發性動機。
- 以5W2H方式系統化教育，並使具瞭解計劃的整體及實施作業的相關標準。

D2：工作執行

> 「貫徹實施」意志的傳達。
> 確實依標準實施作業的決心，實施有困難或有更好的方法，鼓勵提出。
> 命令下達一次完成且要明確。
> 適當授權。
> 收集有關數據。

(三).調查（Check）

C1：查核、稽核

> 稽查是否遵照計劃的方法或標準進行作業。
> 管理者應經常巡視現場，若過程與計劃有差異，應要求迅速追查原因。
> 最好以具體表格來查檢過程原因。
> 　　　例如:查檢表、魚骨圖……等。

C2：定期分析評估

> 結果以數據與目標值（或管理基準值）來比較。可用柏拉圖、趨勢圖..等。
> 應用統計分析，發掘潛在問題及真因。
> 分析必須客觀及實際證據全面性考量,不要因為個別事件而誤判。

(四).處置措施（Action）

A1 ：應急措施 (暫定對策)
- 針對結果以調整、應變方式矯正結果，除去不良現象。
- 治標，經常很忙，但結果仍不穩定，無法做好品質保證。
- 須掌握時效,以利對應持續生產出貨或是客戶市場不良。
- 通常以Rework來對應更換零件部品或維修……等手段。

A2：再發防止措施 (長久對策)
- 除去真因，使同一原因，不發生第二次。
- 治本，橫向作水平展開，縱向作源流管理。
- 與標準化、愚巧法(防呆法)結合。
- 處置措施是否有效要加以確認。

(五).徹底轉動 P-D-C-A 持續改善使技術累積
- 使標準書內容更趨完整與符合實際。
- 每轉動一次，不良就愈少，管理水準也愈高。
- 做好全面品質管理的基礎，所有制度體系才能活性化，而避免形式化。

(六). PDCA 需在有品質意識，問題意識及改善意識的基礎上運轉始能踏實有效！

五、基層幹部應有的認識

(一). 重新檢討每天的工作應有的認識

➢ 工作要一項一項的處理。

➢ 要有工作是一定要先經過計劃，而後開始做的觀念。

➢ 不僅僅是作業時間的製造時間。

➢ 作業速度的判斷。

➢ 標準時間可以減低。

➢ 作業日報表的活用。

➢ 作業的查核方法。

➢ 安全管理的查核表。

凡事都說『沒有辦法的人』，才是真正無藥可救的人。

(二). 工作優先緩急分類準則

	急迫的事	不急迫的事
重要的事	• 設備發生故障，致使生產停擺。 • 客戶之交期。 • 緊急插單生產。 • 客戶抱怨處理。 • 重大品質異常處理。	• 制度之革新。 • 計劃之研擬。 • 個人及部屬管理技能之提升。 • 問題之調查與追蹤。 • 公關之促進。
不重要的事	• 有些電話。(客戶、供應商) • 有些不速之客到訪。 • 有些會議之出列席。 • 有些無謂之請託。	• 有些交際應酬。 • 有些檔之處理。 • 處理部屬職務內之事。 • 自我干擾。（如作白日夢、工作前抽支煙、清理辦公桌、看報）

五、基層幹部應有的認識

(三).為了要善於處理工作應有的認識

➢ 應該瞭解生產製造的流程。

➢ 明確訂出工作的程式。

➢ 日程管理的高明作法。

➢ 突發性緊急趕工作業要如何處理。

➢ 依工作項目分配表決定工作的分擔。

➢ 沒有目標就無法工程。

➢ 標準時間是作業管理的基礎。

➢ 事務性作業要以基準日程表來管理。

要追趕工作，不要被工作追趕

(四).對工作改善應有的認識

➢ 消除『找東西時間』的浪費。

➢ 觀測工作的方法。

➢ 作業動作要考慮經濟性。例:減少作業多於動作,降低工時。

➢ 研究出可以舒適工作的作業環境。例:考慮人體工學,
減少人員疲憊,降低不良損失。

➢ 以製程分析找出浪費。

➢ 以 ＡＢＣ 分類法推動有效的管理。(參下頁說明)

➢ 沒有無謂的物品搬運。

錯誤的方法，看起來好像始終都是有道理

➢ ＡＢＣ 分類法簡扼說明

ABC分類法是根據事物在技術、經濟方面的主要特徵，進行分類排列，從而實現區別對待區別管理的一種方法。ABC法則是**帕累托80／20法則**衍生出來的一種法則。所不同的是，80／20法則強調的是抓住關鍵，ABC法則強調的是分清主次，並將管理對象劃分為A、B、C三類。

1951年，管理學家戴克首先將ABC法則用於庫存管理。

1951年至1956年，朱蘭將ABC法則運用於質量管理，並創造性地形成了另一種管理方法——排列圖法。1963年，德魯克將這一方法推廣到更為廣泛的領域。

1.ABC法則與效率

面對紛繁雜亂的處理對象，如果分不清主次，雞毛蒜皮一把抓，可想而知，其效率和效益是不可能高起來的。而分清主次，抓住主要的對象，卻一定可以事半功倍。比如，在庫存管理中，這一法則的運用就可以使工作效率和效益大大提高。

➢ ＡＢＣ 分類法簡扼說明

2‧如何進行ABC分類
　　我們面臨的處理對象，可以分為兩類，一類是可以量化的
，一類是不能量化的。
　　對於不能量化的，我們通常只有憑經驗判斷。對於能夠量
化的，分類就要容易得多，而且更為科學。現在我們以庫
存管理為例來說明如何進行分類。
　第一步，計算每一種材料的金額。
　第二步，按照金額由大到小排序併列成表格。
　第三步，計算每一種材料金額占庫存總金額的比率。
　第四步，計算累計比率。
　第五步，分類。累計比率在0%～60%之間的，為最重要
　　　　　　的A類材料；累計比率在 60%～85%之間的，
　　　　　　為次重要的B類材料；累計比率在85%～100%
　　　　　　之間的，為不重要的C類材料。

➤ ＡＢＣ分類法簡扼說明

案例：材料庫存表

材料名稱	料號	年使用量	單價	使用金額	占總金額比率	累計比率	分類
A					25%	25%	
B					16%	41%	
C					8%	49%	A類
D					6%	55%	
E					5%	60%	
F					2%	62%	
G					1.8%	63.8%	
H					1.5%		
I					1.4%		
J					1.3%		
K							B類
L							
M							
N							
O						85%	
P							
Q							
R						100%	C類
合計					100%		

案例：採購策略表

類別	A	B	C
價值	高	中	低
管理重點	1.準確的需求預測和口詳細的採購計劃 2.嚴格的庫存控制 3.嚴格的物流控制和後勤保障 4.對突發事件的準備 5.供應商的合作	1.供應商選擇 2.建立採購優勢 3.目標價格管理 4.訂購批量優化 5.最小庫存 6.供應商的競爭與和作	1.物品標準化 2.訂購批量優化 3.庫存優化 4.業務效率 5.供應商的競爭與和作
訂貨量	少	較多	多
訂貨方式	定期定量接經濟批量訂貨	定量定貨	按經驗訂貨,可採用訂貨雙堆法管理庫存
檢查方式	經常檢查和盤存	一般檢查和盤存	按年度或季度檢查盤存
記錄	最準確、最完整	正常記錄	簡單記錄
統計方法	詳細統計,按品種規格等細項進行統計	按大類進行統計	按金額統計
保險儲備量	低較大	允許較高	

五、基層幹部應有的認識

(五).以圖表作為研究工作的工具

➢ 工作場所的績效應以圖表來管理。

➢ 以魚骨圖分析原因。

➢ 用圖解來發現問題並解決問題。

➢ 要活用數據。

➢ 正確掌握問題的七種工具。（七大手法）

正確地掌握住問題點，就等於問題解決了一大半

(六).使自己更充實成長應有的認識

➢ 編訂自己的職務說明書。

➢ 培養有彈性的思考能力。

➢ 阿諛奉承不如鍛鍊腦力。

➢ 讓下屬也成長的管理者本身之自我啟發。

➢ 成為指使人的管理者，不如成為有理解的領導者。

➢ 管理者的主要業務是例外管理。

➢ 要自願承擔不易對付的工作。

進步是與反省的嚴肅性成正比的

五、基層幹部應有的認識

(七).對激發部屬工作意願的應有認識

- ➢ 先要具備能受部屬仰慕的能力。
- ➢ 不要辜負部屬的工作意願。
- ➢ 利誘與懲罰的管理是行不通的。
- ➢ 使部屬親身體驗到工作的意義。
- ➢ 要引導部屬產生興趣。
- ➢ 訴諸於視聽的有效教導。

率先示範比說明更能強烈迅速地銘記在心

六、如何教導部屬

(一)、教導的精神：

『學習者沒有學會，是因為教導者沒有教好。』

(二)、教導的技巧：

使能做對（正確）、做好（精密）、做快（有效）、做完（完成）。

1.妥善準備。　2.創造學習氣氛。3.激發學者意願。

4.示範說明作業。　　5.試作。　　6.考驗成效。

7.不要亂指揮，造成員工心煩，易產生煩感，需提前規劃好！

六、如何教導部屬

(三)、『工作教導』之四大原則

1. 創造氣氛
   - 和諧、融洽、輕鬆不放鬆、輕便不隨便。

2. 給予動機
   - 需求層次的提升。(有明確的教育訓練制度及落實執行)
   - 紅蘿蔔與鞭子。(有明確的獎懲制度和標準可依循)

3. 成就感
   - 需求層次的提升。(適時給予工作表現上的肯定)

4. 實習與反覆練習
   - 因材施教。(視個人特徵及學習狀況分配工作)
   - 實例施教。(作業教育訓練時盡量不要只有口授,必須配合實際作業演練為佳)

(四)、接受命令的要點

1. 如何接受命令
   - 攜帶隨身手冊。
   - 專注聆聽、目光集中。
   - 不要打斷上司的話。
   - 留意工作目的、方法及完成期限。
   - 詢問疑點後簡述重點。
   - 確定以瞭解命令的內容。

2. 如何執行命令
   - 確定命令的目的。
   - 擬定最有效的執行方式。
   - 應付命令執行時所產生的不良影響。
   - 遭遇困難時應即時回報。
   - 追蹤執行進度與完成期限。
   - 檢討執行成果。

六、如何教導部屬

(四)、接受命令的要點

3. 如何表示意見

- ➤ 恭敬、率直而不謙卑。
- ➤ 以本職立場，公正客觀的提出。
- ➤ 簡潔扼要的敘述。
- ➤ 分析利弊得失。
- ➤ 旁徵博引、統計數據更具說服力。
- ➤ 選擇適宜的時、地，再進行溝通。

4. 無法接受命令

- ➤ 婉約、中肯而不失和氣。
- ➤ 必須具備強有力的理由。
- ➤ 後果無法承擔。
- ➤ 屬於他人權屬範圍。
- ➤ 要事在身時，說明實情，在等待指示。
- ➤ 不隱含有情緒與利益因素。

領導的鑰匙 ─『影響力』

嘗試利用問題 (未來、現在、過去)，尋找線索與答案。

成功領導人的四項特質：

1. 引起他人注意的特質。　2. 十分清楚瞭解自我的特質。

3. 言行一致的特質。　　4. 高瞻遠矚，開創未來的特質。

『溝通』五點最基本的觀念

1. 『溝通』永無止境

2. 『溝通』要有充分的時間

3. 『溝通』之前必須做好準備

4. 展現你想建立信賴關係的言談舉止

5. 做一位好聽眾

> 『洗耳恭聽』後，再『能言善道』

> 『先聽其言、再觀其行、而後言己之意』

> 英國首相『邱吉爾』的一句金玉良言：

『站起來發言需要勇氣，而坐下來傾聽，需要的也是勇氣。』

七、給管理者五大箴言

◆ 以	溝	通	取	代	教	訓
◆ 以	關	懷	取	代	指	責
◆ 以	激	勵	取	代	批	評
◆ 以	聆	聽	獲	得	建	議
◆ 以	參	與	獲	得	承	諾

卡方分布累積機率表

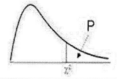

X^2 Critical Points

v	X^2 .995	X^2 .99	X^2	X^2 .95	X^2 .90	X^2 .80	X^2 .75	X^2 .70
1	0.0000393	0.00016	0.00098	0.00393	0.0518	0.0642	0.102	0.148
2	0.01	0.0201	0.0506	0.103	0.211	0.446	0.575	0.713
3	0.0717	0.115	0.216	0.352	0.584	1.005	1.213	1.424
4	0.207	0.297	0.484	0.711	1.064	1.649	1.923	2.195
5	0.412	0.545	0.831	1.145	1.61	2.343	2.675	3
6	0.676	0.872	1.237	1.635	2.204	3.07	3.455	3.828
7	0.989	1.239	1.69	2.167	2.833	3.822	4.255	4.671
8	1.344	1.646	2.18	2.733	3.49	4.594	5.071	5.527
9	1.735	2.088	2.7	3.325	4.168	5.38	5.899	6.393
10	2.156	2.558	3.247	3.94	4.865	6.179	6.737	7.267
11	2.603	3.053	3.816	4.575	5.578	6.989	7.584	8.148
12	3.074	3.571	4.404	5.226	6.304	7.807	8.438	9.034
13	3.565	4.107	5.009	5.892	7.042	8.634	9.299	9.926
14	4.075	4.66	5.629	6.571	7.79	9.467	10.165	10.821
15	4.601	5.229	6.262	7.261	8.574	10.307	11.306	11.721
16	5.142	5.812	6.908	7.962	9.312	11.152	11.192	12.624
17	5.697	6.408	7.564	8.672	10.085	12.002	12.792	13.531
18	6.265	7.015	8.231	9.39	10.865	12.857	13.675	14.44
19	6.844	7.633	8.907	10.117	11.651	13.716	14.562	15.352
20	7.434	8.26	9.591	10.851	12.443	14.578	15.452	16.266
21	8.034	8.897	10.283	11.591	13.24	15.445	16.344	17.182
22	8.643	9.542	10.982	12.338	14.041	16.314	17.24	18.101
23	9.26	10.196	11.688	13.091	14.848	17.187	18.137	19.021
24	9.886	10.856	12.401	13.848	15.659	18.062	19.037	19.943
25	10.52	11.524	13.12	14.611	16.473	18.94	19.939	20.867

卡方分布累積機率表

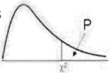

X^2 Critical Points

v	X^2 .50	X^2 .30	X^2 .25	X^2 .20	X^2 .10	X^2 .05	X^2 .025	X^2 .01	X^2 .005
1	0.455	1.074	1.323	1.642	2.706	3.841	5.024	6.635	7.879
2	1.386	2.408	2.773	3.219	4.605	5.991	7.378	9.21	10.597
3	2.366	3.665	4.108	4.642	6.251	7.815	9.348	11.345	12.838
4	3.357	4.878	5.385	5.989	7.779	9.488	11.143	13.277	14.86
5	4.351	6.064	6.626	7.289	9.236	11.07	12.832	15.086	16.75
6	5.348	7.231	7.841	8.558	10.645	12.592	14.449	16.812	18.548
7	6.346	8.383	9.037	9.803	12.017	14.067	16.013	18.475	20.278
8	7.344	9.524	10.219	11.03	13.362	15.507	17.535	20.09	21.955
9	8.343	10.656	11.389	12.242	14.684	16.919	19.023	21.666	23.589
10	9.342	11.781	12.549	13.442	15.987	18.307	20.483	23.209	25.188
11	10.341	12.899	13.701	14.631	17.275	19.675	21.92	24.725	26.757
12	19.34	14.011	14.845	15.812	18.549	21.92	23.337	26.217	28.3
13	12.34	15.119	15.984	16.985	19.812	22.362	24.736	27.688	29.819
14	13.339	16.222	17.117	18.151	21.064	23.685	26.119	29.141	31.319
15	14.339	17.322	18.245	19.311	22.307	24.996	27.488	30.578	32.801
16	15.338	18.418	19.369	20.465	23.542	26.296	27.845	32	34.267
17	16.338	19.511	20.489	21.615	25.769	27.587	30.191	33.409	35.718
18	17.338	20.601	21.605	22.76	25.989	28.869	31.526	34.805	37.156
19	18.338	21.689	22.718	23.9	27.204	30.144	32.852	36.191	38.582
20	19.337	22.775	23.828	25.038	28.412	31.41	34.17	37.566	39.997
21	20.337	23.858	24.935	26.171	29.615	32.671	35.479	38.932	41.401
22	21.337	24.939	26.039	27.301	30.813	33.924	36.781	40.289	42.796
23	22.337	26.018	27.141	28.429	32.007	35.172	38.076	41.638	44.181
24	23.337	27.096	28.241	29.553	33.196	36.415	39.364	42.98	45.558
25	24.337	28.172	29.339	30.675	34.382	37.652	40.646	44.314	46.928

Cpk、Sigma與不良率PPM換算對照表

Cpk	K(σ)	PPM	Cpk	K(σ)	PPM	Cpk	K(σ)	PPM
0.06	0.18	800000	0.93	2.79	5270.8	1.47	4.41	10.34
0.13	0.39	700000	0.94	2.82	4802.36	1.48	4.44	9
0.16	0.48	600000	0.95	2.85	4371.92	1.49	4.47	7.82
0.22	0.66	500000	0.96	2.88	3976.75	1.5	4.5	6.8
0.28	0.84	400000	0.97	2.91	3614.29	1.51	4.53	5.9
0.3	0.99	368200	0.98	2.94	3282.12	1.52	4.56	5.12
0.35	1.05	293800	0.99	2.97	2978	1.53	4.59	4.43
0.38	1.14	250000	1	3	2699.8	1.54	4.62	3.84
0.4	1.2	230200	1.01	3.03	2445.54	1.55	4.65	3.32
0.43	1.29	200000	1.02	3.06	2213.37	1.56	4.68	2.87
0.45	1.35	177000	1.03	3.09	2001.56	1.57	4.71	2.48
0.48	1.44	150000	1.04	3.12	1808.51	1.58	4.74	2.14
0.51	1.53	126016.7	1.05	3.15	1632.7	1.59	4.77	1.84
0.52	1.56	118759.9	1.06	3.18	1472.75	1.6	4.8	1.59
0.53	1.59	111834.8	1.07	3.21	1327.35	1.61	4.83	1.37
0.54	1.62	105232.3	1.08	3.24	1195.3	1.62	4.86	1.17
0.55	1.65	98942.94	1.09	3.27	1075.47	1.63	4.89	1.01
0.56	1.68	92957.32	1.1	3.3	966.85	1.64	4.92	0.8654
0.57	1.71	87265.87	1.11	3.33	868.46	1.65	4.95	0.7421
0.58	1.74	81859.02	1.12	3.36	779.42	1.66	4.98	0.6358
0.59	1.77	76727.14	1.13	3.39	698.93	1.67	5.01	0.5443
0.6	1.8	71860.64	1.14	3.42	626.21	1.68	5.04	0.4655
0.61	1.83	67249.94	1.15	3.45	560.59	1.69	5.07	0.3978
0.62	1.86	62885.53	1.16	3.48	501.41	1.7	5.1	0.3397
0.63	1.89	58757.96	1.17	3.51	448.11	1.71	5.13	0.2897
0.64	1.92	54857.9	1.18	3.54	400.13	1.72	5.16	0.2469
0.65	1.95	51176.12	1.19	3.57	356.98	1.73	5.19	0.2103
0.66	1.98	47703.53	1.2	3.6	318.22	1.74	5.22	0.1789
0.67	2.01	44431.19	1.21	3.63	283.42	1.75	5.25	0.1521
0.68	2.04	41350.33	1.22	3.66	252.22	1.76	5.28	0.1292
0.69	2.07	38452.34	1.23	3.69	224.25	1.77	5.31	0.1096
0.7	2.1	35728.84	1.24	3.72	199.22	1.78	5.34	0.0929
0.71	2.13	33171.61	1.25	3.75	176.83	1.79	5.37	0.0787
0.72	2.16	30772.67	1.26	3.78	156.83	1.8	5.4	0.0666
0.73	2.19	28524.24	1.27	3.81	138.97	1.81	5.43	0.0564
0.74	2.22	26418.77	1.28	3.84	123.03	1.82	5.46	0.0476
0.75	2.25	24448.95	1.29	3.87	108.84	1.83	5.49	0.0402
0.76	2.28	22607.69	1.3	3.9	96.19	1.84	5.52	0.0339
0.77	2.31	20888.15	1.31	3.93	84.95	1.85	5.55	0.0286
0.78	2.34	19283.74	1.32	3.96	74.95	1.86	5.58	0.241
0.79	2.37	17788.09	1.33	3.99	66.07	1.87	5.61	0.0202
0.8	2.4	16395.07	1.34	4.02	58.2	1.88	5.64	0.017
0.81	2.43	15098.82	1.35	4.05	51.22	1.89	5.67	0.0143
0.82	2.46	13893.7	1.36	4.08	45.04	1.9	5.7	0.012
0.83	2.49	12774.31	1.37	4.11	39.57	1.91	5.73	0.01
0.84	2.52	11735.48	1.38	4.14	34.73	1.92	5.76	0.0084
0.85	2.55	10772.29	1.39	4.17	30.46	1.93	5.79	0.007
0.86	2.58	9880.03	1.4	4.2	26.69	1.94	5.82	0.0059
0.87	2.61	9054.22	1.41	4.23	23.37	1.95	5.85	0.0049
0.88	2.64	8290.6	1.42	4.26	20.44	1.96	5.88	0.0041
0.89	2.64	7585.12	1.43	4.29	17.87	1.97	5.91	0.0034
0.9	2.7	6933.95	1.44	4.32	15.6	1.98	5.94	0.0029
0.91	2.73	6333.43	1.45	4.35	13.61	1.99	5.97	0.0024
0.92	2.76	5780.14	1.46	4.38	11.87	2	6	0.002

備註：關於這個Cpk、Sigma與不良率PPM換算對照表說明：

1. 這個Cpk（精準度）、σ（Sigma）、ppm（百萬分率）的對照表是基於母體為常態分佈的機率計算值，且實際平均值剛好等於規格中心。
2. σ（標準差）表示對應於控制範圍，σ為實際的計算值，假設某公司規定的公差範圍對應之K值為3.0，則對應到Cpk=1.0，不良率=2699.8ppm。
3. K(σ)：K個標準差。
4. ppm：Parts-Per-Million，每百萬個中不良品的個數。
5. 6σ是指Cpk=2.0，公差必須達到12σ（+/-6σ）。

Appendix Tables

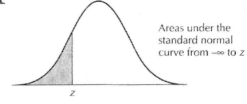

Areas under the
standard normal
curve from $-\infty$ to z

TABLE A.1 Areas Under the Normal Curve

z	0.09	0.08	0.07	0.06	0.05	0.04	0.03	0.02	0.01	0.00
−4.00	0.00002	0.00002	0.00002	0.00003	0.00003	0.00003	0.00003	0.00003	0.00003	0.00003
−3.90	0.00003	0.00003	0.00004	0.00004	0.00004	0.00004	0.00004	0.00004	0.00005	0.00005
−3.80	0.00005	0.00005	0.00005	0.00006	0.00006	0.00006	0.00006	0.00007	0.00007	0.00007
−3.70	0.00008	0.00008	0.00008	0.00009	0.00009	0.00009	0.00010	0.00010	0.00010	0.00011
−3.60	0.00011	0.00012	0.00012	0.00013	0.00013	0.00014	0.00014	0.00015	0.00015	0.00016
−3.50	0.00017	0.00017	0.00018	0.00019	0.00019	0.00020	0.00021	0.00022	0.00022	0.00023
−3.40	0.00024	0.00025	0.00026	0.00027	0.00028	0.00029	0.00030	0.00031	0.00033	0.00034
−3.30	0.00035	0.00036	0.00038	0.00039	0.00040	0.00042	0.00043	0.00045	0.00047	0.00048
−3.20	0.00050	0.00052	0.00054	0.00056	0.00058	0.00060	0.00062	0.00064	0.00066	0.00069
−3.10	0.00071	0.00074	0.00076	0.00079	0.00082	0.00085	0.00087	0.00090	0.00094	0.00097
−3.00	0.00100	0.00104	0.00107	0.00111	0.00114	0.00118	0.00122	0.00126	0.00131	0.00135
−2.90	0.0014	0.0014	0.0015	0.0015	0.0016	0.0016	0.0017	0.0018	0.0018	0.0019
−2.80	0.0019	0.0020	0.0021	0.0021	0.0022	0.0023	0.0023	0.0024	0.0025	0.0026
−2.70	0.0026	0.0027	0.0028	0.0029	0.0030	0.0031	0.0032	0.0033	0.0034	0.0035
−2.60	0.0036	0.0037	0.0038	0.0039	0.0040	0.0041	0.0043	0.0044	0.0045	0.0047
−2.50	0.0048	0.0049	0.0051	0.0052	0.0054	0.0055	0.0057	0.0059	0.0060	0.0062
−2.40	0.0064	0.0066	0.0068	0.0069	0.0071	0.0073	0.0075	0.0078	0.0080	0.0082
−2.30	0.0084	0.0087	0.0089	0.0091	0.0094	0.0096	0.0099	0.0102	0.0104	0.0107
−2.20	0.0110	0.0113	0.0116	0.0119	0.0122	0.0125	0.0129	0.0132	0.0136	0.0139
−2.10	0.0143	0.0146	0.0150	0.0154	0.0158	0.0162	0.0166	0.0170	0.0174	0.0179
−2.00	0.0183	0.0188	0.0192	0.0197	0.0202	0.0207	0.0212	0.0217	0.0222	0.0228
−1.90	0.0233	0.0239	0.0244	0.0250	0.0256	0.0262	0.0268	0.0274	0.0281	0.0287
−1.80	0.0294	0.0301	0.0307	0.0314	0.0322	0.0329	0.0336	0.0344	0.0351	0.0359
−1.70	0.0367	0.0375	0.0384	0.0392	0.0401	0.0409	0.0418	0.0427	0.0436	0.0446
−1.60	0.0455	0.0465	0.0475	0.0485	0.0495	0.0505	0.0516	0.0526	0.0537	0.0548
−1.50	0.0559	0.0571	0.0582	0.0594	0.0606	0.0618	0.0630	0.0643	0.0655	0.0668
−1.40	0.0681	0.0694	0.0708	0.0721	0.0735	0.0749	0.0764	0.0778	0.0793	0.0808
−1.30	0.0823	0.0838	0.0853	0.0869	0.0885	0.0901	0.0918	0.0934	0.0951	0.0968
−1.20	0.0985	0.1003	0.1020	0.1038	0.1057	0.1075	0.1093	0.1112	0.1131	0.1151
−1.10	0.1170	0.1190	0.1210	0.1230	0.1251	0.1271	0.1292	0.1314	0.1335	0.1357
−1.00	0.1379	0.1401	0.1423	0.1446	0.1469	0.1492	0.1515	0.1539	0.1562	0.1587
−0.90	0.1611	0.1635	0.1660	0.1685	0.1711	0.1736	0.1762	0.1788	0.1814	0.1841
−0.80	0.1867	0.1894	0.1922	0.1949	0.1977	0.2005	0.2033	0.2061	0.2090	0.2119
−0.70	0.2148	0.2177	0.2207	0.2236	0.2266	0.2297	0.2327	0.2358	0.2389	0.2420
−0.60	0.2451	0.2483	0.2514	0.2546	0.2578	0.2611	0.2643	0.2676	0.2709	0.2743
−0.50	0.2776	0.2810	0.2843	0.2877	0.2912	0.2946	0.2981	0.3015	0.3050	0.3085
−0.40	0.3121	0.3156	0.3192	0.3228	0.3264	0.3300	0.3336	0.3372	0.3409	0.3446
−0.30	0.3483	0.3520	0.3557	0.3594	0.3632	0.3669	0.3707	0.3745	0.3783	0.3821
−0.20	0.3859	0.3897	0.3936	0.3974	0.4013	0.4052	0.4090	0.4129	0.4168	0.4207
−0.10	0.4247	0.4286	0.4325	0.4364	0.4404	0.4443	0.4483	0.4522	0.4562	0.4602
−0.00	0.4641	0.4681	0.4721	0.4761	0.4801	0.4840	0.4880	0.4920	0.4960	0.5000

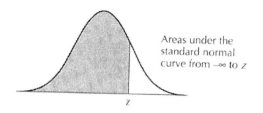

Areas under the standard normal curve from $-\infty$ to z

TABLE A.1 (continued)

z	0.00	0.01	0.02	0.03	0.04	0.05	0.06	0.07	0.08	0.09
0.00	0.5000	0.5040	0.5080	0.5120	0.5160	0.5199	0.5239	0.5279	0.5319	0.5359
0.10	0.5398	0.5438	0.5478	0.5517	0.5557	0.5596	0.5636	0.5675	0.5714	0.5753
0.20	0.5793	0.5832	0.5871	0.5910	0.5948	0.5987	0.6026	0.6064	0.6103	0.6141
0.30	0.6179	0.6217	0.6255	0.6293	0.6331	0.6368	0.6406	0.6443	0.6480	0.6517
0.40	0.6554	0.6591	0.6628	0.6664	0.6700	0.6736	0.6772	0.6808	0.6844	0.6879
0.50	0.6915	0.6950	0.6985	0.7019	0.7054	0.7088	0.7123	0.7157	0.7190	0.7224
0.60	0.7257	0.7291	0.7324	0.7357	0.7389	0.7422	0.7454	0.7486	0.7517	0.7549
0.70	0.7580	0.7611	0.7642	0.7673	0.7704	0.7734	0.7764	0.7794	0.7823	0.7852
0.80	0.7881	0.7910	0.7939	0.7967	0.7995	0.8023	0.8051	0.8079	0.8106	0.8133
0.90	0.8159	0.8186	0.8212	0.8238	0.8264	0.8289	0.8315	0.8340	0.8365	0.8389
1.00	0.8413	0.8438	0.8461	0.8485	0.8508	0.8531	0.8554	0.8577	0.8599	0.8621
1.10	0.8643	0.8665	0.8686	0.8708	0.8729	0.8749	0.8770	0.8790	0.8810	0.8830
1.20	0.8849	0.8869	0.8888	0.8907	0.8925	0.8944	0.8962	0.8980	0.8997	0.9015
1.30	0.9032	0.9049	0.9066	0.9082	0.9099	0.9115	0.9131	0.9147	0.9162	0.9177
1.40	0.9192	0.9207	0.9222	0.9236	0.9251	0.9265	0.9279	0.9292	0.9306	0.9319
1.50	0.9332	0.9345	0.9357	0.9370	0.9382	0.9394	0.9406	0.9418	0.9429	0.9441
1.60	0.9452	0.9463	0.9474	0.9484	0.9495	0.9505	0.9515	0.9525	0.9535	0.9545
1.70	0.9554	0.9564	0.9573	0.9582	0.9591	0.9599	0.9608	0.9616	0.9625	0.9633
1.80	0.9641	0.9649	0.9656	0.9664	0.9671	0.9678	0.9686	0.9693	0.9699	0.9706
1.90	0.9713	0.9719	0.9726	0.9732	0.9738	0.9744	0.9750	0.9756	0.9761	0.9767
2.00	0.9773	0.9778	0.9783	0.9788	0.9793	0.9798	0.9803	0.9808	0.9812	0.9817
2.10	0.9821	0.9826	0.9830	0.9834	0.9838	0.9842	0.9846	0.9850	0.9854	0.9857
2.20	0.9861	0.9864	0.9868	0.9871	0.9875	0.9878	0.9881	0.9884	0.9887	0.9890
2.30	0.9893	0.9896	0.9898	0.9901	0.9904	0.9906	0.9909	0.9911	0.9913	0.9916
2.40	0.9918	0.9920	0.9922	0.9925	0.9927	0.9929	0.9931	0.9932	0.9934	0.9936
2.50	0.9938	0.9940	0.9941	0.9943	0.9945	0.9946	0.9948	0.9949	0.9951	0.9952
2.60	0.9953	0.9955	0.9956	0.9957	0.9959	0.9960	0.9961	0.9962	0.9963	0.9964
2.70	0.9965	0.9966	0.9967	0.9968	0.9969	0.9970	0.9971	0.9972	0.9973	0.9974
2.80	0.9974	0.9975	0.9976	0.9977	0.9977	0.9978	0.9979	0.9979	0.9980	0.9981
2.90	0.9981	0.9982	0.9983	0.9983	0.9984	0.9984	0.9985	0.9985	0.9986	0.9986
3.00	0.99865	0.99869	0.99874	0.99878	0.99882	0.99886	0.99889	0.99893	0.99897	0.99900
3.10	0.99903	0.99907	0.99910	0.99913	0.99916	0.99918	0.99921	0.99924	0.99926	0.99929
3.20	0.99931	0.99934	0.99936	0.99938	0.99940	0.99942	0.99944	0.99946	0.99948	0.99950
3.30	0.99952	0.99953	0.99955	0.99957	0.99958	0.99960	0.99961	0.99962	0.99964	0.99965
3.40	0.99966	0.99968	0.99969	0.99970	0.99971	0.99972	0.99973	0.99974	0.99975	0.99976
3.50	0.99977	0.99978	0.99978	0.99979	0.99980	0.99981	0.99982	0.99982	0.99983	0.99984
3.60	0.99984	0.99985	0.99985	0.99986	0.99986	0.99987	0.99987	0.99988	0.99988	0.99989
3.70	0.99989	0.99990	0.99990	0.99990	0.99991	0.99991	0.99992	0.99992	0.99992	0.99993
3.80	0.99993	0.99993	0.99993	0.99994	0.99994	0.99994	0.99994	0.99995	0.99995	0.99995
3.90	0.99995	0.99995	0.99996	0.99996	0.99996	0.99996	0.99996	0.99996	0.99997	0.99997
4.00	0.99997	0.99997	0.99997	0.99997	0.99997	0.99997	0.99998	0.99998	0.99998	0.99998

國家圖書館出版品預行編目資料

品質管理大補帖／王祥全著. 一初版.臺中
市：白象文化事業有限公司，2021.6
　　面；　公分
ISBN 978-986-5488-34-5（平裝）

1.品質管理 2.生產管理
494.56　　　　　　　　　　110005405

品質管理大補帖

作　　者　王祥全
校　　對　王祥全
內頁排版　王祥全
發 行 人　張輝潭
出版發行　白象文化事業有限公司
　　　　　412台中市大里區科技路1號8樓之2（台中軟體園區）
　　　　　出版專線：（04）2496-5995　　傳真：（04）2496-9901
　　　　　401台中市東區和平街228巷44號（經銷部）
　　　　　購書專線：（04）2220-8589　　傳真：（04）2220-8505
出版編印　林榮威、陳逸儒、黃麗穎、水邊、陳婷婷、李婕、林金郎
設計創意　張禮南、何佳諠
經紀企劃　張輝潭、徐錦淳、林尉儒、張馨方
經銷推廣　李莉吟、莊博亞、劉育姍、林政泓
行銷宣傳　黃姿虹、沈若瑜
營運管理　曾千熏、羅禎琳
印　　刷　普羅文化股份有限公司
初版一刷　2021 年 6 月
初版二刷　2023 年 11 月
定　　價　400 元